과학자
갤러리

인류의 삶을 바꾼 과학자들과 2500년 과학의 역사

First published in Great Britain in 2015 by Michael O'Mara Books Limited,
9 Lion Yard, Tremadoc Road, London SW4 7NQ

The GREAT SCIENTISTS

니콜라 찰턴 & 메러디스 맥아들 지음 | 강영옥 옮김

WILLCOMPANY

Chapter 1

천문학과 우주학

과학적 우주관

Chapter 2

수학

수의 과학

Chapter 3

물리학

물질은 무엇으로 구성되는가?

Chapter 4

화학

원소와 화합물의 발견

Chapter 5

생물학

지구에 사는 생명체의 특성

Chapter 6

인류와 의학

Chapter 7

지질학과 기상학

The GREAT SCIENTISTS

머리말

오늘날 과학은 두 가지 의미로 해석된다. 하나는 우리 주변에 있는 세상에 관한 연구, 다른 하나는 연구가 실행되는 방법, 즉 과학적 방법론이다. 만물의 기원에서부터 인체, 암석과 광물, 초미립자, 엑스선, 방사선, 중력처럼 보이지 않는 힘에 이르기까지, 다양한 과학 분야에서 그야말로 우주의 모든 것을 탐구한다.

인류의 오랜 조상들은 밤하늘을 바라보며 창조의 신비에 경이를 느끼고 최초의 약용식물을 채집해 생활 속에서 과학을 체험하며 살아왔으나 과학적 방법론은 비교적 근래에 등장한 개념이다. 어떤 대상에 대해 자기만의 독특한 가설을 세운 후에는 주의 깊은 실험을 반복해서 동일한 결과를 얻어야 그 이론이 검증되었다고 할 수 있다. 그러나 옛날에는 머릿속에 이런 개념조차 없던 연구자들이 많았다. 현재의 과학자들에게는 철저한 검증 없이 새로운 이론을 내놓는다는 것은 있을 수 없는 일이지만 말이다. 물론 천문학 같은 일부 학문에서는 실험이 불가능한 경우도 있다. 이때는 실험 대신 사건에 대한 예측과 관측을 통해 가설을 검증 혹은 폐기한다.

초기에 경험적인 과학적 방법론을 지지한 학자로는 고대 그리스의 철학자와 과학자들, 아랍의 광학자 이븐 알하이삼Ibn al-Haytham, 965경~1039경, 중세의 영국 수사 로저 베이컨Roger Bacon, 1214~1294, 이탈리아의 천문학자 갈릴레오 갈릴레이Galileo Galilei, 1564~1642 등이 있다. 그러나 과학적 사고방식에 변혁이 일어난 시기는 17세기로, 과학계의 거성으로 꼽히는 아이작 뉴턴Isaac Newton, 1642~1727의 연구방식이 등장하면서부터였다. 뉴턴은 명제와 실험이 포함된 추론의 원칙을 제시했고, 이내 모든 학자들이 뉴턴의 연구방식을 채택했다.

대부분의 과학 분야에서는 가설이 검증된 후에야 그 이론이 과학적 진실로 인정을 받는다. 단, 새로운 이론이 등장해 기존의 이론이 틀렸다는 사실이 밝혀지고 새로운 패러다임으로 교체될 때까지만 그렇다. 과학에서는 이런 방식으로 새로운 아이디어를 발전시키고 기존의 아이디어를 대체한다.

하지만 수학은 예외다. 수학에서 한번 참이라고 증명된 정리는 영원히 참이다. 기존의 이론이 통째로 뒤집히는 일은 없다. 수학은 체계적이고 공식화된 지식을 다루는 학문이므로 넓은 의미에서 과학이라고 볼 수는 있으나 물리적 우주를 관찰하는 자연과학과는 상당히 다른 점이 많다. 자연과학이 물리적 우주관을 표현하고 모델을 만들기 위해 경험적 증거를 수집하는 학문이라면, 수학은 자연과학이 우주를 표현하고 분석할 수 있도록 그에 맞는 언어를 제공하는 학문이다. 이런 측면에서 수학은 과학과 밀접한 관련이 있다.

과학은 종종 기술과도 결합한다. 토머스 에디슨Thomas Edison, 1847~1931의 전구 발견과 수 세기 동안 진행된 전기에 관한 탐구 등, 과학적 발견과 진보는 곧 기술의 변화로 이어졌다. 우주 연구는 역법 체계와 우주선에 사용되는 응용 세라믹 기술을 발전시키는 발판이 되었다. 이외에도 우리가 과학 발전을 통해 얻은 혜택은 무수히 많다. 의료공학에서 현대인의 필수품인 컴퓨터와 스마트폰에 이르기까지, 과학은 우리의 일상생활 곳곳에 두루 영향을 미치고 있다.

이처럼 우주의 원리를 규명하기 위해 열정을 바친 이들이 없었다면 과학은 존재하지 못했을 것이다. 이 책을 통해 우주를 이해할 수 있는 기틀을 마련한 역사상 가장 위대한 과학자들을 만나 보길 바란다.

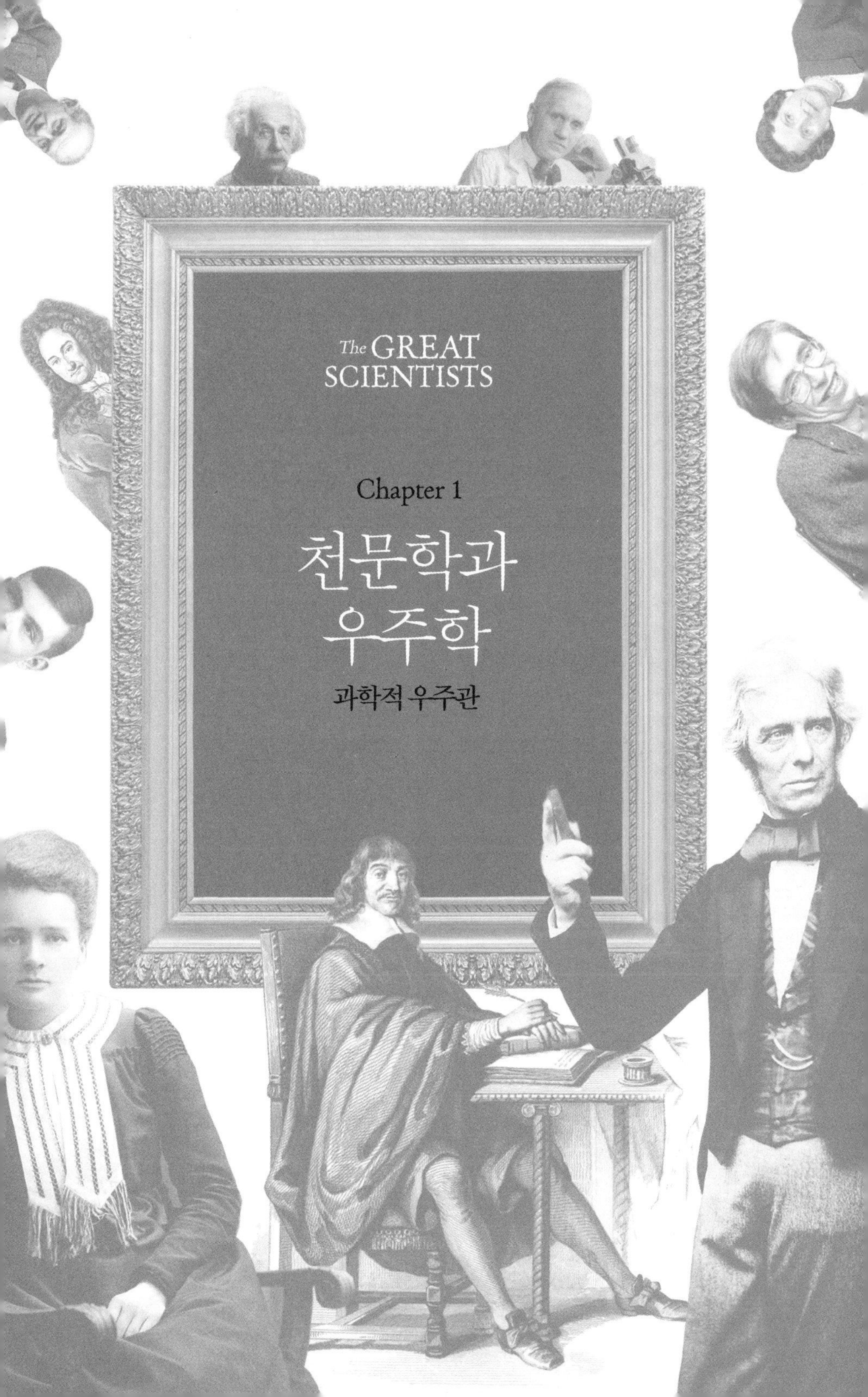

The GREAT SCIENTISTS

Chapter 1

천문학과 우주학

과학적 우주관

인류는 고대부터 저 하늘 위 세상에 있는 대상, 그러니까 태양, 달, 별, 행성들을 관찰하며 우주를 이해하려고 애썼다. 바빌로니아와 이집트 문명에서는 천문학적 사건이 일정한 주기로 반복된다는 사실을 알고 있었기 때문에 별의 위치를 기록하며 일식과 월식, 혜성, 달의 운동, 가장 밝은 별 같은 천체 현상을 예측했다. 이러한 기록들은 시간 측정과 항해에 유용한 기본 정보였다.

바빌로니아, 이집트보다 수 세기 앞선 때부터 천문 관측을 해온 고대 그리스에서는 신화 속 인물의 이름을 따서 항성군, 즉 별자리들의 이름을 지었다. 오리온자리는 거인 미남 사냥꾼 오리온에서, 쌍둥이자리는 제우스의 쌍둥이 아들 카스토르와 폴룩스에서 유래한 이름이다. 지금도 밤하늘의 길잡이 역할을 하는 서양 별자리 88개 가운데 48개는 1세기의 천문학자 프톨레마이오스Claudius Ptolemaeus, 83경~161경 가 이름을 붙인 것이다.

로마인들도 그리스인들과 마찬가지로 신화 속 인물의 이름을 따서 수성, 금성, 화성, 목성, 토성 등 행성의 이름을 지었다.[1] 이 행성들은 스스로 빛을 발하는 항성들처럼 빛을 내지는 못하지만 햇빛이 반사되면 밝게 빛난다.

한편 17세기에 광학망원경이 발명되면서 천동설의 뿌리가 흔들리기 시작했다. 인간이 망원경으로 관측한 우주는 상상보다 훨씬 더 컸다. 천문학자들은 우주를 더 깊이 파헤치면서 태양계에 천왕성, 해왕성 같은 행성뿐만 아니라 소행성, 위성달, 명왕성 같은 왜성, 가스구름gas cloud, 우주먼지cosmic dust, 그리고 또 다른 은하가 있다는 사실을 알게 되었다.

오늘날에는 위성망원경과 우주탐사기가 천문 측정 도구로 사용된다. 위성망원경으로 저 먼 곳에 있는 우주 물체에서 방출되는 복사radiation까지 감지할 수 있고, 우주탐사기로 다른 행성에서 오는 정보도 받을 수 있다. 천문학자들은 이제 최첨단 천문학 장치로 단단히 무장하고 우주를 구성하는 입자와 힘이 작용하는 원리, 별이나 행성이나 은하가 성장하는 과정, 우주의 기원에 관해 더 많은 사실을 밝혀내기 위해 노력하고 있다.

아울러 이들은 우주의 많은 부분이 망원경으로 관측이 불가능하다는 사실도 알아냈다. 전파, 적외선, 가시광선, 자외선, 엑스선, 감마선 같은 전자기파로도 관측되지 않고 오로지 중력을 통해서만 존재를 인식할 수 있는 암흑물질dark matter은 여전히 천문학계의 최대 미스터리 중 하나로 여겨지고 있다.

1 수성(Mercury)은 그리스 신화의 헤르메스, 금성(Venus)은 아프로디테, 화성(Mars)은 아레스, 목성(Jupiter)은 제우스, 토성(Saturn)은 크로노스의 로마식 이름이다.

감덕

초기의 항성표

중국의 천문학자 감덕甘德, BC 400경~BC 340경과 석신石申, BC 4세기경은 동시대 인물이다. 역사상 최초로 항성표를 책으로 편찬한 천문학자들로 알려져 있다. 감덕은 고대 중국에서도 격동의 시기인 전국시대를 산 인물이다.

태양계에서 가장 큰 행성인 목성이 하늘에서 가장 밝게 빛나고 잘 보일 때의 이동경로는 12개로 일정하다. 당시는 이 경로를 역년을 계산하는 기준으로 삼던 시절이었고, 천체 연구는 오로지 관측과 예측으로만 이루어졌다. 놀라운 사실은, 감덕과 동료 학자들은 망원경도 없이 오직 육안으로만 천체 현상을 관측했는데도 관측하기에 가장 좋은 시간을 정확하게 계산할 줄 알았다는 것이다.

감덕이 중국 대륙의 밤하늘에서 수천 개 이상의 항성을 관측하고 표로 만들면서 확인한 중국의 별자리 수는 최소 100개였다. 그리스의 천문학자 히파르코스Hipparchus, BC 190경~BC 120경는 약 200년 후 서양 최초로 대략 800개의 항성을 기록한 항성표를 편찬했는데, 감덕의 항성표가 히파르코스의 항성표보다 내용이 훨씬 더 광범위했다. 게다가 감덕은 역사상 최초로 목성의 4개 위성 중 하나를 관측했다고 한다. 하지만 공식적으로는 1610년 갈릴레오 갈

감덕

릴레이가 자신이 직접 개발한 망원경으로 최초로 목성의 위성을 발견한 것으로 알려져 있다.

또한 감덕과 석신은 1년이 365+$\frac{1}{4}$일이라고 계산한 최초의 학자들이었다. 한편 서양에서는 BC 46년 줄리어스 시저가 그리스의 천문학자 소시게네스Sosigenes, BC 1세기경에게 더 정확한 측정 결과를 바탕으로 로마력을 개선할 것을 의뢰했다. 그렇게 해서 제정된 율리우스력이 유럽과 북아프리카에서 1582년까지 사용되었다. 이후 그레고리력이 채택되어 지금까지 사용되고 있다.

아리스토텔레스

지구 중심 우주관

BC 4세기 중국의 고대 국가들이 패권 전쟁에 빠져 있던 반면, 나날이 승승장구하던 고대 그리스는 지중해 동부로 식민지를 넓혀가면서 자신의 문화를 전파하고 새로운 시대로 접어들고 있었다.

그리스인들은 자신이 우주의 중심에 있다고 여겼고 밤하늘을 관찰하며 이 믿음에 대한 확신을 얻었다. 이들의 눈에는 마치 별들이 지구 주위를 돌며 떴다가 지는 듯이 보였다. 이는 지구가 자전하기 때문에 생긴 착시현상이었다. 지구가 동쪽으로 회전하기 때문에 별들은 하늘을 가로질러 서쪽으로 운동하는 듯이 보인 것이다.

이미 행성의 존재를 알고 있던 그리스인들은 행성의 뒤에서 빛을 비추는 항성에 따라 행성의 위치가 변한다고 생각했다. 이들은 태양과 달, 그리고 행성으로 수성, 금성, 화성, 목성, 토성이 있다고 보았다. 당시에는 우리 태양계에 행성은 이 5개밖에 없는 것으로 알려졌다.

그리스인들이 생각한 코스모스, 즉 우주 속의 지구는 BC 7~5세기경 고대 그리스인들이 생각한 것처럼 평평하지 않고 완벽한 구형이었다. 그래서 그리스인들은 지구가 우주의 중심에 위치하며 천체, 즉 태양과 우리 눈에 보이는 행성들은 일정한 운동을 하면서 완벽한 구형을 이루어 지구 주변을 돌고 있다는 결론을 내렸다. 그리고 항성들은 천구의 외부에 위치한다고 생각했다. 천문학자들은 19세기까지 이 현상이 실제로 원거리에 있는 별들의 운동에서 비롯된다

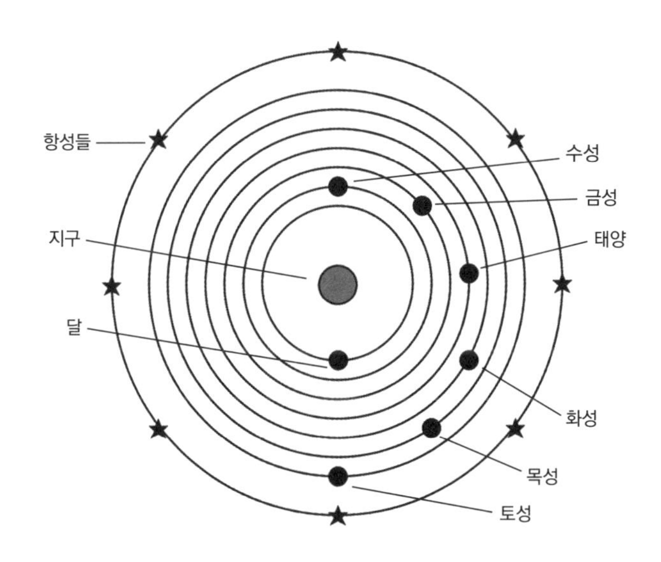

천동설을 바탕으로 한 우주 모형은
고대 그리스에서 지배적인 사상이었다.

는 사실을 전혀 깨닫지 못했다.

위대한 자연철학자이자 과학자인 아리스토텔레스Aristoteles, BC 384~BC 322는 이러한 천동설에 자신의 사상을 덧붙였다. 아리스토텔레스는 세상만물이 다섯 가지 요소로 구성되어 있다는 이론을 내세웠다. 지상계의 요소인 흙, 공기, 불, 물과 천상계를 채우고 있는 에테르, 이렇게 다섯 가지였다. 지구를 중심으로 하는 동심원의 각 테두리 안은 에테르로 채워져 있고, 동심원의 테두리 위에는 천체가 하나씩 놓여 있으며, 이 천체들은 각각 일정한 간격을 유지한 채 완벽한 구형을 이루어 원 주위를 돌고 있다. 그리고 동심원의 가장 바깥 테두리에 항성들이 배치되어 있다. 지상계의 요소들은 탄생하면 부패해서 사라지지만 천상계의 요소는 완벽하고 변함이 없는 존재다.

이러한 아리스토텔레스의 우주관은 먼저 아랍 세계에 수용되었으며, 이후 기독교 문화가 지배하던 중세 유럽으로 재도입되었다.

아리스토텔레스

Aristoteles

(BC 384~BC 322)

고대 그리스 지성계의 거장인 아리스토텔레스는 서양 사상에 지속적으로 영향을 미쳤다. 아리스토텔레스는 마케도니아의 의사 가문에서 태어나 아테네의 플라톤아카데미를 대표하는 스타 학자로 손꼽힌 인물이다.

학계에서 이미 실력을 인정받은 아리스토텔레스였으나 플라톤Plato, BC 427경~BC 347경 사후 플라톤아카데미의 수장으로 임명되지 못했다. 아마도 마케도니아의 필립이 벌인 영토확장 전쟁으로 인해 마케도니아 출신에 대한 반감이 심했기 때문으로 보인다. 플라톤의 후계자가 되지 못한 것에 상심한 아리스토텔레스는 아테네를 떠났다가 BC 335년경 필립의 아들이자 아리스토텔레스의 제자인 알렉산더 대왕이 그리스 전역을 정복하자 아테네로 돌아왔다.

아테네로 돌아온 아리스토텔레스는 라이시엄이라는 학교를 설립하고 운영하면서 모든 학문 분야를 연구하고 학문에 대한 정의를 내렸다. 아리스토텔레스는 산책하면서 주제를 가르치고 논의하는 방식으로 수업을 했는데, 이 때문에 아리스토텔레스학파는 종종 페리파토스학파소요학파라고 불린다.

알렉산더 대왕 사후 마케도니아인에 대한 반감이 다시 불타오르자, 아리스토텔레스는 70년 전 철학자 소크라테스Socrates, BC 470~BC 399를 처형한 것을 언급하며 이런 말을 남기고 다시 망명길에 올랐다.

"나는 아테네인들이 두 번 다시 비철학적인 행위를 저지르지 않기를 바란다."

히파르코스

분점의 세차운동

고대 그리스 문화가 알렉산더 대왕의 동방원정 경로를 따라 물밀듯이 밀려들면서 니케아현재 터키에 살던 히파르코스Hipparchus, BC 190경~BC 120경 같은 학자들은 학문적인 영감을 얻었다.

어느 날 히파르코스는 항성표를 제작하던 중 실제 별의 위치와 고대 문헌의 기록이 일치하지 않는다는 사실을 깨달았다. 별의 위치에 일정한 변화가 나타난다는 사실을 발견한 것이다. 명석하게도 히파르코스는 별이 아닌 지구가 자전하고 있다는 데서 그 답을 찾았다. 히파르코스는 지구가 자전축을 따라 돌기 때문에 지구에 흔들림이 생긴다는 사실을 알아냈다. 장난감 팽이가 원형 경로를 그리며 축을 중심으로 천천히 돌아가는 모습을 상상하면 이 원리를 쉽게 이해할 수 있을 것이다. 히파르코스는 이 흔들림 때문에 지구가 자전축을 중심으로 한 바퀴 돌고 원위치로 돌아오는 데 걸리는 시간을 약 26,000년이라고 계산했는데, 이는 아주 정확한 수치다.

히파르코스는 흔들림 때문에 지구가 항성에 비해 조금 일찍 분점에 접근한다고 생각했다. 분점은 밤과 낮의 길이가 같은 날로 1년에 두 번 있으며

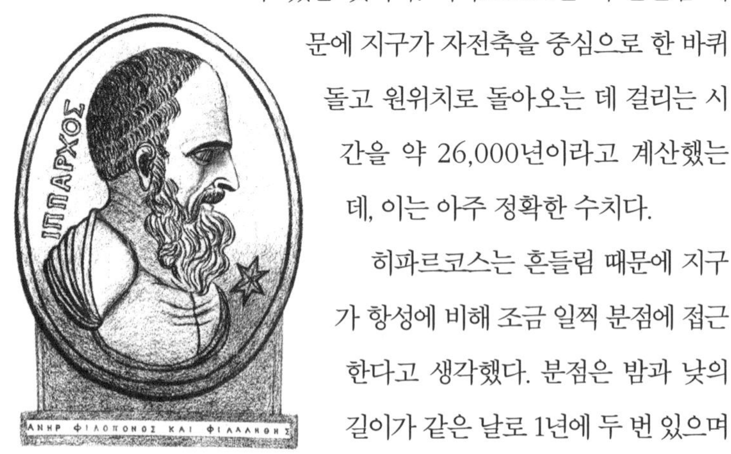

히파르코스

3월은 춘분, 9월은 추분이라고 부른다. 그리고 이 흔들림을 '분점의 세차운동'이라고 불렀다.

이러한 분점의 차이 때문에 고대 달력에서는 매년 계절이 달랐다. 지구의 관점에서 볼 때 태양이 천구의 한 위치, 즉 항성이라고 표시되어 있는 특정한 위치에서 일주를 시작해 원래의 위치로 돌아오는 데 걸리는 시간을 항성년sidereal year이라고 한다. 그리고 이것은 지금 우리가 알고 있듯이 지구가 태양을 한 바퀴 공전하는 데 걸리는 시간이다.

분점이 매년 달라지는 이유는 지구가 항성을 기준으로 태양의 둘레를 공전하는 시간인 항성년을 따르기 때문이다. 이 문제를 해결하기 위해 히파르코스가 새로 고안한 산법이 바로 회귀년tropical year이다. 회귀년은 천구상의 태양 연주운동으로, 태양이 겉보기운동을 할 때 한 분점에서 일주하고 원위치로 돌아오는 데 걸리는 실제 시간을

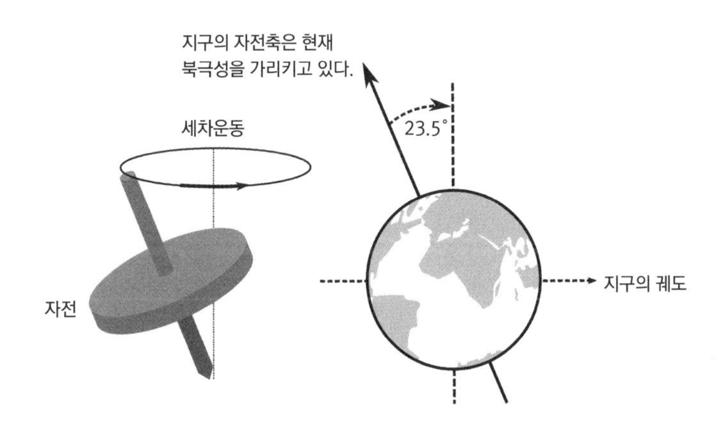

분점의 세차운동

지구는 자전축을 기준으로 23.5도 기울어 있어서 자전을 하면 팽이 축의 맨 윗부분처럼 아주 천천히 흔들린다. 이 흔들림(세차운동) 때문에 한 바퀴 일주하고 원위치로 돌아오는 데 26,000년이 걸린다. 이 흔들림은 분점, 즉 계절이 바뀌는 춘분과 추분에 영향을 미친다.

말한다. 현재 우리가 사용하는 그레고리력은 항성년보다 약 20분 빠른 회귀년을 기준으로 한 역법으로, 매년 계절이 바뀌는 달이 같다.

히파르코스는 고대 바빌로니아의 자료를 토대로 항성년과 회귀년의 길이를 계산했는데, 그 정확성이 실로 놀라울 따름이다. 이는 250년 후의 인물인 프톨레마이오스가 계산한 것보다 훨씬 정확하다. 이 사실만으로도 히파르코스가 얼마나 시대를 앞선 과학자였는지 잘 알 수 있다.

프톨레마이오스

수학적 우주

1세기 말엽에 태어난 고대 그리스 최고의 천문학자 프톨레마이오스Claudius Ptolemaeus, 83경~161경도 우주의 중심이 지구라는 천동설을 지지했다. 프톨레마이오스의 업적은 태양과 행성의 운동을 수학으로 설명하고 예측할 수 있는 우주 모형을 최초로 만들었다는 데 있다.

행성이 우주의 중심인 지구 주변을 돌고 있다면 행성이 항성의 반대방향으로 움직이는 현상은 왜 일어날까? 이 문제는 그리스인들에게 1,400년 동안 풀리지 않는 수수께끼였다. 프톨레마이오스가 새로운 모형을 제시하면서 이 수수께끼는 답을 찾은 듯했다. 그런데 문제가 하나 있었다. 프톨레마이오스의 이론적 배경은 천동설인데, 이 모형에서 중심인 지구가 행성 궤도의 중앙에서 빗겨나가 있다는 것이다. 때문에 프톨레마이오스는 자신이 세운 이론적 틀을 깨지 않고 천체의 운동을 수학적으로 설명할 길이 없었다. 프톨레마이오스와 추종자들은 이러한 위치 변화를 실리적으로 해석했다. 즉 '이심'이라는 개념을 도입해 이 모순을 해결하려고 했다.

프톨레마이오스는 세 가지 도형을 조합해 이 현상을 설명했다. 먼저 이심을 작도한 뒤 주전원을 작도했다. 물론 이심과 주전원은 프톨레마이오스가 새로 제시한 개념은 아니었다. 프톨레마이오스는 이심과 주전원을 통해 행성이 단순하게 지구를 중심으로 큰 원을 그리며 공전만 하는 것이 아니라는 사실, 즉 각기 다른 중심을 갖는 주전원들이 자신들의 축을 중심으로 뱅글뱅글 돌면서 지구를 중심으로 큰 원이심원의 둘레를 돌고 있다는 사실을 증명했다. 프톨레마이오스의

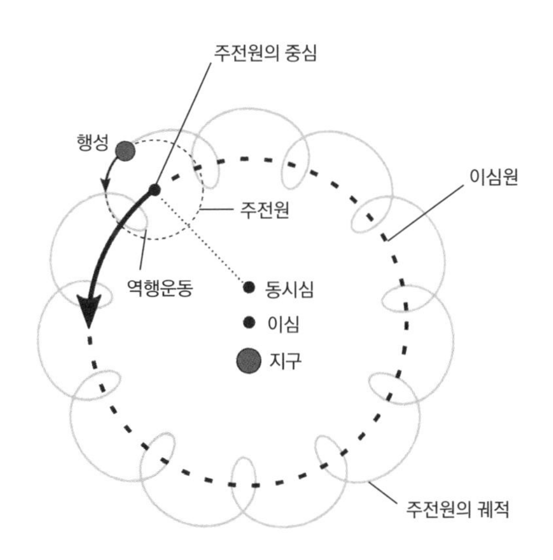

프톨레마이오스의 천동설 모형에서 지구의 위치는 행성 궤도의 중심에서 벗어나 있다.
이 모형으로 행성의 역행운동(반대방향으로 움직이는 운동)을 설명할 수 있는 듯했다.

이 우주 모형으로 행성이 항성의 반대방향으로 움직이는 것처럼 보이는 현상, 즉 행성이 역행운동을 하는 현상을 설명할 수 있었다.

프톨레마이오스가 세 번째로 작도한 동시심은 혁명적인 아이디어였다. 우리가 지구에서 행성을 관찰하다 보면 행성이 등속운동을 하지 않고 더 빨리 움직이거나 더 느리게 움직이는 것처럼 보일 때가 있다. 프톨레마이오스는 이심원의 둘레를 회전하는 운동에서 주전원의 중심은 지구나 이심원의 중심인 이심과 나란히 놓여 있지 않고, 지구에서처럼 이심원으로부터 거리가 같은 제3의 점인 동시심과 나란히 놓여 있다고 보았다. 이 동시심을 기준으로 보아야만 행성이 등속운동을 하고 있는 것처럼 보인다.

정통파 학자들이 보기에 프톨레마이오스의 주전원, 이심, 동시심이라는 수학적 개념은 복잡하고 거북스러웠다. 하지만 이 개념으로 오랫동안 천문학계의 수수께끼로 남아 있던 문제, 이를테면 행성의 역행운동이나 행성이 밝을수록 지구에 더 가깝다는 사실을 설명할 수 있는 듯했다. 게다가 행성이 타원 궤도를 그리며 태양 주위를 돈다고 보는 현대의 지동설처럼 행성의 위치도 예측할 수 있게 되었다.

프톨레마이오스의 천동설 모형은 중동 지역에 전파된 후 서유럽으로 전해졌다. 천동설은 당시의 종교적 신념과도 잘 맞는 이론이었다. 천동설에 반론을 제기한 학자들은 엄격하고 억압적인 가톨릭교회로부터 사형을 당했다. 1008년 아랍의 천문학자들이 프톨레마이오스의 이론과 연구자료에 의문을 품기 시작하기 전까지 천동설은 굳건히 자리를 지켰다. 하지만 프톨레마이오스의 이론을 뒷받침하기 위한 관측 기록 중 일부가 조작되었다는 사실이 수 세기 후 밝혀졌다.

프톨레마이오스

Claudius Ptolemaeus

(83경~161경)

프톨레마이오스는 로마제국령이던 이집트에서 살았다. 이름은 로마식인 클라우디오스지만 성이 프톨레마이오스라는 점으로 보아 그리스 혈통임을 짐작할 수 있으며, 발표한 저서들도 그리스어로 쓰였다. 대형 도서관이 있던 알렉산드리아는 모든 학문 분야의 학자들이 몰려드는 학문의 전당이었다. 프톨레마이오스는 알렉산드리아 시내에서 천체 관측을 한 것으로 전해진다.

프톨레마이오스의 집필 시기와 히파르코스의 생존 시기에는 200년의 차이가 있다. 프톨레마이오스가 전해주지 않았다면 우리는 히파르코스의 이론을 접해보지 못했을지도 모른다. 고대 천문학을 집대성한 위대한 학자 프톨레마이오스는 자신이 고대 이론을 토대로 천체의 원리를 설명했다는 사실을 인정했다.

알 바타니

아랍 세계의 천문 기록

프톨레마이오스보다 행성의 위치를 더 뛰어난 실력으로 예측한 학자가 있었으니 바로 아랍 출신의 천문학자이자 수학자인 알 바타니al-Battani, 858경~929다. 알 바타니는 유명한 악기 제조업자이자 천문학자의 후손이며, 알 바타니의 고향인 이슬람제국은 교육을 장려하고 고대 그리스·로마의 과학과 철학에 관심이 많았다. 동서 문화의 교차로인 지역이라 이슬람 학자들은 학문적인 혜택을 많이 누릴 수 있었다. 이들은 중국과 인도에서 온 사상을 수용하고 자신들

알 바타니

이 발견한 지식과 결합시켰으며 이렇게 탄생한 새로운 지식체계가 이후 유럽으로 전파되었다.

알 바타니가 편찬한 천문표인 사비교도표Sabian Tables에는 태양, 달, 행성의 위치가 기록되어 있어서 그것들의 위치를 예측할 수 있었다. 당시에 가장 정확하다는 평가를 받던 사비교도표는 라틴어 문화권에도 영향을 미쳤다.

한편 알 바타니는 기하학적 방법으로 천문 자료를 계산하던 종전의 학자들과는 달리 삼각법을 활용했다. 알 바타니가 계산한 태양년solar year은 365일 5시간 46분 24초로, 현재 공식적으로 인정되는 태양년인 365일 5시간 48분 45초와 불과 몇 분밖에 차이가 나지 않는다. 그야말로 감탄할 만한 정확한 계산 결과다.

뿐만 아니라 알 바타니는 프톨레마이오스를 능가하는 천문학적 사실을 발견했다. 바로 태양에서 지구까지의 거리, 지구에서 달까지의 거리가 1년 내내 변한다는 사실이다. 덕분에 알 바타니는 달이 태양의 정가운데를 가리면서 금가락지 모양으로 타오르는 빛만 남는 금환일식이 생기는 날짜를 정확하게 예측할 수 있었다.

알 바타니는 600년 후 과학계에 혁명을 일으킨 수학자이자 천문학자인 니콜라우스 코페르니쿠스가 자신의 저서에 언급할 정도로 대단한 학자였다.

심괄

북극성 위치 찾기

11세기 사람들은 바다를 항해할 때 안표眼標나 천체 현상에 의존했다. 북극의 별, 즉 북극성도 항해의 지표 중 하나였다. 북극성은 지구의 자전축과 대략 일직선이 되는 위치에 있는 별, 그러니까 우리가 북극에 서 있다고 가정할 때 바로 머리 위에 보이는 별이다. 한마디로 북극성은 지리상의 위치를 찾는 데 훌륭한 길잡이 노릇을 하는 별이다.

지구는 자전축을 중심으로 자전하기 때문에 북반구에 있는 관찰자의 눈에는 북극성만 움직이지 않고, 다른 별들은 모두 지구 주위를 돌고 있는 것처럼 보인다. 이외에도 북극성은 지평선 위의 높이를 측정해 위도의 위치남북 좌표를 결정하는 데 사용할 수 있다.

고대 그리스 때부터 북극성은 자신의 역할을 해왔다. 그러나 분점의 세차운동, 즉 지구가 자전축을 중심으로 돌면서 생기는 흔들림 때문에 오랜 세월이 지나면 다른 별이 북극성의 자리를 차지하게 될 것이다. 3000년경에는 케페우스자리 감마별이, 15000년경에는 거문고자리 베가별이 북극성이 되었다가, 이보다 훨씬 더 많은 세월이 흐른 뒤에는 작은곰자리 알파별이 북극성이 될 것이다.

심괄

중국 송나라의 박학다식한 학자이자 관료인 심괄沈括, 1031~1095과 동료인 위박衛朴, 1075년경 활동은 5년 동안 하루도 빠짐없이 북극성의 위치를 측정했다. 나중에 심괄은 유럽과 중동 지역 선원이 사용하던 자침 나침반을 중국에서 발명했다는 사실을 기록으로 남겼다. 뿐만 아니라 심괄은 자침이 지리상의 북극과 남극, 즉 진북과 진남이 아니라 자북과 자남을 가리킨다는 사실을 최초로 발견한 사람이기도 하다.[2]

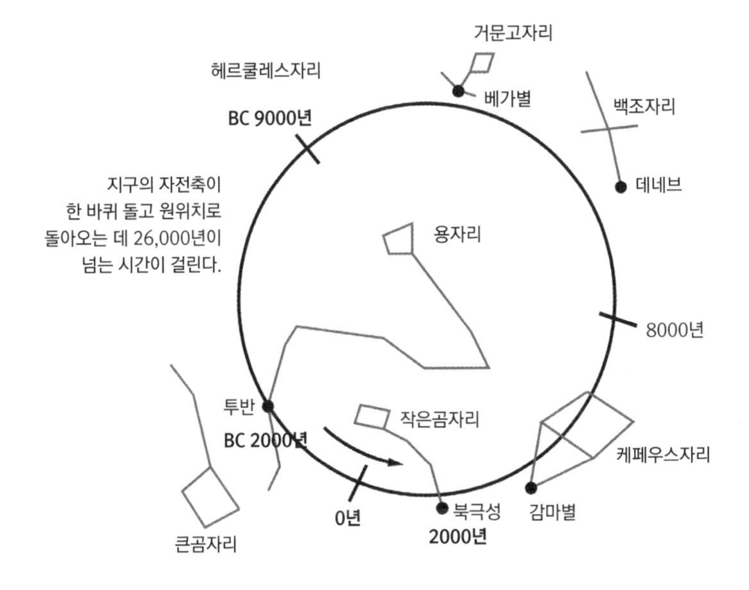

현재의 북극성은 지구의 흔들림(분점의 세차운동) 때문에
세월이 흐르면 다른 별에게 그 자리를 내주어야 한다.

2 진북은 언제나 변하지 않는 북쪽인 북극성의 방향을 말하고, 자북은 나침반의 N극이 가리키는 북쪽 즉, 지구 자기장이 북쪽으로 모이는 지점을 말한다.

알 자르칼리

아랍의 천문표와 아스트롤라베

알 자르칼리Al-Zarqali, 1028~1087는 이슬람 지역인 톨레도에서 태어났다. 톨레도는 스페인 기독교도들의 침략에 끊임없이 시달린 지역이자 학문의 중심지였다. 알 자르칼리는 원래 정교한 과학 장치 제작자였으나 의뢰인들의 독려로 수학과 천문학 교육을 받았다. 이후에 알 자르칼리가 편찬한 톨레도표Toledan Tables는 당대의 가장 정확한 천문표로 널리 인정받으면서 12세기까지 유럽 전역에서 사용되었다.

천문학자들은 톨레도표를 참고해 항성에 대한 태양, 달, 행성의 상대운동, 일식과 월식을 몇 년 앞서 예측할 수 있었다. 톨레도표는 서양의 다양한 기독교 문화권에서 채택되었으며, 16세기까지 유럽에서 사용된 알폰소표Alfonsine Tables, 1252~1270도 톨레도표를 토대로 제작된 것이다.

알 자르칼리

알 자르칼리의 또 다른 업적이 있다. 바로 새로운 방식의 아스트롤라베astrolabe[3]를 개발한 것이다. BC 150년경 알 자르칼리에 앞서 히파르코스가 아스트롤라베를 발명했지만 어느 위도에서나 태양, 달, 별의 고도를 측정하고 확인할 수 있다는 점에서 알 자르칼리의 아스트롤라

3 아스트롤라베 : 별의 위치, 시각, 경위도 등을 관측하기 위한 천문 기계.

베가 더 우수했다. 원래 중세 아랍에서 아스트롤라베는 기도 시간을 정하는 데 사용되던 중요한 도구였는데 이후 항해용으로 개발되었다.

아브라함 자쿠투

천문 항법과 탐험의 시대

15세기 유대인 출신 랍비이자 과학자인 아브라함 자쿠투Abraham Zacuto, 1452경~1515경는 스페인에서 태어났다. 대부분의 유럽 항해자들이 기존에 알려진 항로로만 항해하던 시절, 자쿠투는 신항법 장치를 개발해 세상을 변화시켰다. 자쿠투가 개발한 신항법 장치 덕분에 유럽의 탐험가들은 대양을 가로질러 미국과 동인도제도까지 가는 신항로를 개척할 수 있었다.

그러나 자쿠투의 가장 위대한 업적을 꼽는다면 주간 항해에 필요한 태양표를 개발한 것이다. 야간 항해에는 물론 북극성을 이용한다. 해양용 아스트롤라베와 태양표에는 태양의 고도를 기준으로 배의 위도를 측정하는 방식이 적용되었기 때문에 항해자는 배에서도 위도를 확인할 수 있었다. 참고로, 태양의 고도는 1년 내내 계속 바뀐다.

수직으로 세워진 금속 아스트롤라베는 지평선과 일직선으로 배열되고 영점 표시가 있는 원반과 태양을 향한 채 이동이 가능한 눈금자로 구성되었으며, 고도의 눈금은 도 단위로 나뉘어 있었다. 예를 들어 출발 지점을 리스본이라고 하면, 이제 항해자들은 출발 지점에서 기록해놓은 태양의 고도와 해양에서 태양의 고도를 비교할 수 있으므로 리스본의 북쪽이나 남쪽으로부터 거리가 얼마인지도 계산할 수 있었다.

이 기술은 해도海圖를 개발하는 데 사용되었으며, 바르톨로뮤 디아스, 바스코 다 가마, 크리스토퍼 콜럼버스처럼 미지의 바다를 탐험하는 항해자들에게는 더없이 귀중한 자료가 되었다.

한편 자쿠투는 천체 현상을 정리한 표를 책력으로 펴냈는데, 이 책력이 콜럼버스의 생명을 살린 일화로 유명하다. 콜럼버스와 선원들이 신대륙으로 네 번째 항해를 하던 중 원주민에게 잡혀 목숨을 잃을 뻔한 적이 있었다. 자쿠투의 책력에 1504년 2월 29일에 개기월식이 있을 것이라는 기록이 있었고 마침 이 사실을 기억하고 있던 콜럼버스는 기지를 발휘했다. 콜럼버스는 달이 사라지는 것은 신이 원주민들에게 진노한 증거라고 꾸며댔다. 그리고 사라진 달이 다시 모습을 드러내자 콜럼버스는 잽싸게 태도를 바꿔 원주민들에게 이제 죄를 용서받았다고 말해 목숨을 부지할 수 있었다.

그러나 200년 후 아스트롤라베보다 더 정교한 육분의sextant[4]가 발명되면서 이 육분의가 아스트롤라베를 대신해 천문 항법의 표준장치가 되었다. 물론 뱃사람들이 망망대해에서 경도를 측정하고 자신의 위치를 확인할 수 있게 된 것은 18세기에 크로노미터chronometer[5]가 발명된 이후의 일이다.

4 육분의 : 두 점 사이의 각도를 정밀하게 측정하는 광학 기계.
5 크로노미터 : 천체의 높이와 방위각을 측정해서 항해 중인 배의 위치를 산출할 때 사용하는 정밀 시계.

아브라함 자쿠투

Abraham Zacuto

(1452경~1515경)

이베리아반도에는 유대인들이 오랫동안 정착해 공동체를 이루어 살고 있었다. 지리적인 특성상 이 지역 유대인들은 아랍의 걸출한 학자들의 사상을 배울 기회가 많았다. 다방면에 관심이 많은 르네상스인 자쿠투도 그 혜택을 입은 사람 중 하나였다. 또한 자쿠투는 친구인 콜럼버스가 아시아 항해의 꿈을 실현할 수 있도록 격려해준 장본인이었다. 1492년 군주 페르디난드와 이사벨라가 유대인들에게 기독교로 개종하든지 스페인을 떠나든지 둘 중 하나를 선택할 것을 명령했다. 그래서 자쿠투는 포르투갈로 떠나 리스본에 정착했다. 리스본에 도착한 자쿠투는 바로 왕립 천문학자 겸 역사학자의 지위를 얻었다. 자쿠투는 마누엘 왕과 항해자 바스코 다 가마에게 동방 탐험은 조만간 실현 가능할 것이라고 자문했다.

그러나 같은 해 마누엘 왕도 포르투갈에 정착한 유대인들에게 기독교로 개종하든지 포르투갈을 떠나든지 둘 중 하나를 선택하라는 최후통첩을 했다. 때맞춰 포르투갈을 탈출한 유대인은 많지 않았으나 다행히 자쿠투와 아들은 적절한 타이밍에 포르투갈을 탈출할 수 있었다. 이들은 새로운 안식처를 찾아 북아프리카로 가던 중 해적에게 두 번이나 납치되어 몸값을 지불하는 고초를 겪었다.

자쿠투는 마침내 튀니지에 도착했으나 스페인이 침략할지 모른다는 두려움에 시달리다 그곳마저 떠났다. 이후 북아프리카 지역을 전전하며 지내다 터키 지역에 정착했다.

존 해리슨

경도 문제의 해결사

항해자들은 경도 문제가 해결될 날만을 손꼽아 기다렸다. 골칫덩이 경도 문제는 1770년대에 영국의 자수성가한 시계 제작자 존 해리슨John Harrison, 1693~1776이 해양용 크로노미터를 발명하면서 드디어 해결되었다. 그전까지 뱃사람들은 자신의 경도상 위치동서 좌표를 찾느라 애를 먹었다. 이탈리아의 탐험가 아메리고 베스푸치Amerigo Vespucci, 1454~1512는 다음과 같이 불만을 토로했다.

"나는 그동안 이동한 동서 간 거리를 확인하느라 고생을 해봤기 때문에 경도를 찾기가 얼마나 어려운지 잘 알고 있다. 경도 찾기는 밤에 한 행성과 다른 행성, 특히 달과 다른 행성들이 합인 상태[6]에서 달이나 행성을 관찰하는 것만큼 힘든 일이다. 더군다나 달은 다른 행성들보다 더 빠른 속도로 이동하므로 관찰하기가 더 어렵다. 나는 책력에 있는 자료와 관측 결과를 비교했다."

베스푸치는 이렇게 공을 들여 경도의 위치를 알아냈지만 그마저도 정확하지 않았다. 대략적인 위치도 특별한 천체 현상이 일어날 것이라고 예상될 때만 확인할 수 있었다. 게다가 정확한 시간 정보까지 필요했는데 육지에서 멀리 떨어져 있는 항해자들이 정확한 시간을 확인하기란 더욱 힘들었다.

6 지구에서 볼 때 행성이 태양과 같은 방향에 있는 상태.

항해자들은 배가 동쪽 혹은 서쪽으로 얼마나 멀리 이동했는지 계산하려면 바다에서 태양의 위치를 보면서 배가 있는 위치의 지방시local time[7]와 알려진 위치, 이를테면 갑판의 시계에 기록된 출발 지점의 시간과 비교해야 했다. 이 작업이 얼마나 번거로운 작업이었을지 감이 잡히지 않는다면 15도 간격으로 그려진 경도를 머릿속에 떠올려보길 바란다. 지방시는 동쪽 혹은 서쪽으로 15도 움직일 때마다 1시간 앞으로 당겨지거나 뒤로 밀린다. 그러니까 경도를 파악할 때는 정확한 시간을 아는 일이 관건이다.

그런데 해리슨의 해양용 크로노미터, 즉 휴대용 해양시계가 복잡한 시간 계산 문제를 단번에 해결해주었다. 해리슨의 해양시계는 당시의 그 어떤 최고급 시계보다 정확했으며, 바다의 기상 변화와 배가 흔들릴 때 기우뚱하는 현상에도 끄떡하지 않을 정도로 내구성이 뛰어났다.

존 해리슨

1772년에서 1775년까지 세계일주를 하면서 해리슨의 해양시계를 사용한 영국의 탐험가 제임스 쿡 선장은 그 성능

7 지방시 : 그리니치 이외 지점의 자오선을 기준으로 한 시간.

에 극찬을 아끼지 않았다. 당시 제임스 쿡이 사용한 모델은 현재 런던 국립해양박물관에 전시되어 있다.

1884년에는 영국의 그리니치천문대경도가 0도인 지점의 자오선이 본초자오선으로 지정되었다. 이때부터 지구상의 모든 장소는 본초자오선을 기준으로 해 동쪽이나 서쪽에서 떨어진 거리로 나타낸다. 현대의 배는 위성항법시스템을 사용하기 때문에 정확하게 위치를 기록할 수 있지만 비상시를 대비해 크로노미터를 구비해놓는 경우도 있다.

니콜라우스 코페르니쿠스

근대 천문학의 시작

1543년 니콜라우스 코페르니쿠스Nicolaus Copernicus, 1473~1543의 지동설 발표는 최초로 천동설에 도전장을 던진 중대한 사건이었다. 독일의 대문호 요한 볼프강 폰 괴테는 지동설에 대해 이런 글을 남겼다.

"모든 발견과 학설을 통틀어 코페르니쿠스의 지동설처럼 인간의 정신에 막대한 영향력을 끼칠 만한 이론은 없다. 지구가 둥글고 그 자체로 완벽하다는 사실이 밝혀지자마자 인간은 우주의 중심으로서 누려온 엄청난 영예를 포기해야 하기 때문이다."

게다가 성서의 일부 구절이 프톨레마이오스의 천동설을 뒷받침해주었기 때문에 프톨레마이오스의 천동설 모형은 1500년 동안 유럽에서 진리나 다름없었다. 우연히 하늘을 바라본 구경꾼인 인간에게 천동설 모형은 영락없는 천국의 모습이었다. 그리고 인간은 만물의 중심에 있는 자신의 모습에 본능적으로 끌렸다.

그런데 코페르니쿠스가 지동설이라는 새로운 해석을 내놓은 것이다. "태양은 움직이지 않는 상태로 만물의 중심에 있다. 이토록 아름다운 우주라는 성전에서 태양이라는 램프가 만물을 환히 비추고 있다. 그 누가 이 램프를 다른 곳, 아니 이보다 더 나은 곳으로 옮겨놓을 수 있겠는가?"

코페르니쿠스의 천문학 체계가 가진 최대 장점은 단순성이었다. 프톨레마이오스 천문학처럼 행성의 운동을 설명하기 위해 복잡한 기하학 논리를 동원할 필요가 없었다. 겉보기 역행운동은 실제 현상이 아니었다. 지구의 자전 때문에 인간의 눈에는 마치 별이 역행운동을 하는 듯 보일 뿐이다.

코페르니쿠스는 과감하게 태양을 만물의 중심으로 옮겨놓았다. 태양 주위를 돌고 있는 것은 수성, 금성, 지구, 달, 화성, 목성, 토성이었다. 그리고 항성이라는 거대한 구, 즉 태양은 그 위에 있었다. 지구는 자전축을 중심으로 하루에 한 번 자전하고, 달은 한 달에 한 번 지구를 공전하며, 지구는 축이 약간 기울어진 상태로 1년에 한 번 태양 주위를 공전한다.

지동설로 민중의 저항이 일어나면서 교회는 혼란에 빠졌다. 과학혁명이 일어날 조짐이 서서히 나타나고 있었다.

니콜라우스 코페르니쿠스

Nicolaus Copernicus

(1473~1543)

폴란드의 부호 가문 출신인 코페르니쿠스는 크라쿠프대학교에서 천문학을 공부하면서 프톨레마이오스의 천동설을 접했다. 1501년 코페르니쿠스는 프라우엔베르크 대교구장에 임명되었고, 성직자라는 신분 덕분에 '점성의학'을 공부할 수 있었다. 요즘 사람들은 이상하게 여길지 모르지만 중세 유럽의 의사들은 별이 인간사에 영향을 미친다고 믿었기 때문에 치료에 점성술을 활용했다.

코페르니쿠스는 마을 요새의 작은 탑에서 홀로 천체를 관측하면서 대부분의 시간을 보냈다. 그래서인지 겉으로는 온 세상을 들썩이게 하는 종교개혁에 무관심한 듯 보였다. 한편, 관측 보조 수단인 천체망원경이 발명된 것은 다음 세기의 일이다. 그러니까 코페르니쿠스에게는 관측 도구도 없었다.

1514년경 코페르니쿠스는 친구 몇 명이 모인 자리에서 지동설의 초기 이론을 소개했다. 자세한 이론은 코페르니쿠스 임종시 책자로 발행되었다. 당시 책자를 검열한 루터계 성직자는 지동설에 반대하는 익명의 필자가 쓴 서문을 끼워넣었다. 그 서문에는 코페르니쿠스의 지동설이 세상의 진리가 아니라 행성의 운동을 도표화한 실용적이고 수학적인 해석인 듯이 소개되어 있었다. 17세기 초반까지 이 사실을 까맣게 모른 교회는 그제야 지동설을 강력히 부인하기 시작했다.

요하네스 케플러

지동설을 위해 싸우다

코페르니쿠스 이후 지동설을 처음으로 지지한 천문학자는 다름 아닌 독일의 천문학자이자 수학 천재인 요하네스 케플러Johannes Kepler, 1571~1630였다.

독실한 기독교도인 케플러는 신이 기하학적 계획에 따라 우주를 설계했다고 생각했다. 케플러는 자신이 신의 계획을 이해할 수 있으면 창조주인 신에게 더 가까이 다가갈 수 있으리라고 믿었다.

케플러는 유클리드기하학을 적용해 기존에 알려진 행성의 공전 궤도 모형을 발전시켰고, 그 과정에서 모든 행성은 태양을 중심으로 공전할 수밖에 없다는 사실을 확인했다. 그 결과 태양이 다른 모든 행성의 중심이자 행성들을 움직이는 원동력이라는 결론을 내렸다. 케플러의 모형에는 영적 세계관이 반영되어 있었다. 케플러의 모형에서 태양은 거대하고 강력한 신처럼 우주의 중심에 있었다.

케플러는 자신이 세운 가정에 오류가 있다는 사실을 깨닫지 못한 채 "화성과 벌이는 전투"라고 이름 붙이고는 화성의 공전 궤도가 약간 찌그러진 이유를 밝히는 데 수 년을 보냈다. 그러던 어느 날 "잠에서 깨어 눈을 뜨는 순간 한줄기 빛처럼 새로운 아이디어가 퍼뜩" 떠올랐다. 태양 주위를 공전한다고 알려진 행성들의 궤도는 코페르니쿠스의 모형처럼 완벽한 원이 아니라, 초점이 태양 하나뿐인 달걀형의 타원이라는 것이다. 이것이 '케플러의 행성운동 제1법칙'이다. 이것의 내용은, 행성은 태양에 가장 가까워졌을 때 가장 빠른 속도로 움직이고 태양에서 가장 멀리 떨어져 있을 때 가장 천천히 움직인다는 것이다.

그런데 태양의 중심에서 행성의 중심으로 이어지는 이 가상의 선은 동일한 시간 간격 동안에는 동일한 넓이의 영역을 훑고 지나간다. 이것이 '케플러의 행성운동 제2법칙'이다. 중요한 사실은, 이 법칙을 통해 행성이 궤도상의 특정한 지점을 얼마나 빠른 속도로 움직이는지 알 수 있게 되었다는 것이다.

마지막 '케플러의 행성운동 제3법칙'을 적용하면 기하학과 행성의 공전주기를 이용해 행성에서 태양까지의 거리를 구할 수 있다.

그전까지는 천체가 원을 그리며 공전운동을 한다는 것이 천문학계의 정설이었으나 케플러의 행성운동 법칙은 이 믿음을 깨는 계기가 되었다. 이로부터 80년 후 아이작 뉴턴은 케플러의 이론을 수학적으로 증명해 보였으며, 이를 자신의 '만유인력의 법칙'을 설명하는 근거로 삼았다.

케플러는 태양계의 원리를 근대적인 사고를 바탕으로 이해할 수

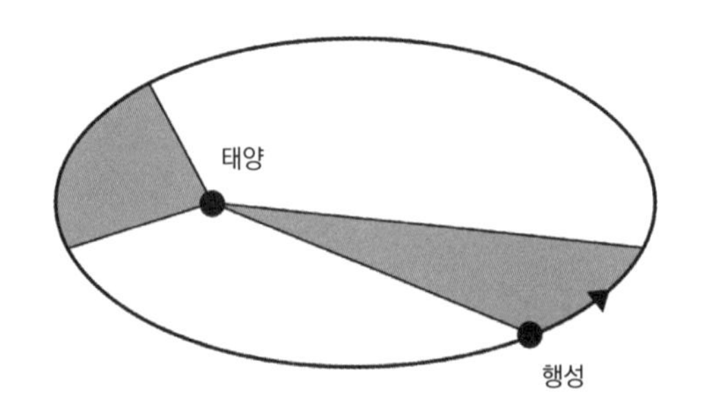

케플러의 행성운동 제2법칙

동일한 시간 간격 동안 태양과 행성을 연결하는 선은 동일한 넓이의 영역을 훑고 지나간다.

있는 초석을 다지고 유용한 법칙을 제시한 학자다. 예를 들어 케플러의 법칙은 인공위성케플러가 만든 단어과 우주선의 궤도를 계산할 때도 사용된다.

당시 지동설만큼 명쾌하게 태양계를 설명할 수 있는 모델은 없었다. 그럼에도 천문학자들은 엄밀하게 따지면 지동설은 참이 아니라고 생각했다. 태양이 우주의 중심에 있지 않아서가 아니라 태양이 우주에 존재하는 무수히 많은 별들 중 하나라는 사실 때문이었다.

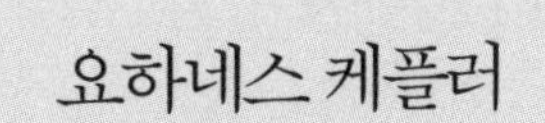

요하네스 케플러

Johannes Kepler

(1571~1630)

케플러는 5세라는 어린 나이에 용병이던 아버지를 여의었다. 아버지가 죽은 지 1년 후 어느 날 케플러는 어머니의 손에 이끌려 언덕을 올랐다. 이때 관찰한 혜성에 매료되어 천문학에 관심을 갖게 되었다.

평생 루터주의자로 산 케플러는 원래 성직자가 되려고 했다. 성직자가 되려면 다른 학문 과정도 이수해야 했는데 이때 지동설을 접하면서 지동설 지지자가 되었다. 시간이 흘러 케플러는 오스트리아의 그라츠에 있는 신교도 학교에서 수학과 천문학을 강의했으나 유럽의 종교갈등이 심화되면서 강의를 그만두어야 했다. 그리고 이런 일은 케플러의 일생에서 여러 번 반복되었다.

신교도들이 그라츠에서 추방당하면서 케플러와 가족들도 프라하로 망명을 떠나게 되었다. 케플러는 프라하에서 덴마크 출신 천문학자 티코 브라헤Tycho Brahe, 1546~1601의 조수로 일하면서 새로운 천문표를 제작하는 작업을 도왔다. 1601년 브라헤가 돌연 사망하자 케플러는 브라헤의 후임으로 신성로마제국의 황제 루돌프 2세의 궁정 수학자로 임명되었으며 천문표 제작 작업을 물려받았다.

17세기에 종교탄압이 심해지면서 케플러에게 연달아 고난이 찾아왔다. 1620년에는 어머니가 마녀로 고소되어 투옥되고 고문을 당했다. 이에 케플러가 어머니의 무죄를 입증하기 위해 오랜 법정싸움을 벌인 끝에 겨우 감옥에서 풀려날 수 있었다.

하지만 프라하에서도 신교도들에 대한 반감이 거세지면서 케플러는 오스트리아의 린츠로 이주해야 했다. 그러나 30년전쟁 동안 가톨릭 세력이 린츠를 점령하면서 결국 1626년 린츠에서도 떠나야 했다. 종교갈등으로 인해 중단된 케플러의 연구는 미결인 상태로 빛이 바랬다. 온갖 고난을 다 겪은 케플러는 끝내 열병을 이기지 못하고 독일 남동부 지역의 레겐스부르크에서 세상을 떠났다. 현재 케플러의 무덤은 소실되고 없으나 묘비명은 남아 있다.

하늘을 관측하던 나,
이제 지구의 그림자를 측정하려 하네.
내 영혼은 하늘에서 왔으나
내 육신의 그림자는 땅에 있네.

갈릴레오 갈릴레이

천문학계에 혁명을 일으킨 망원경

태양계를 더 자세히 관찰하려면 강력한 성능을 지닌 망원경이 필요했다. 이 정도의 성능을 갖춘 천체망원경을 최초로 발명한 사람이 바로 갈릴레오 갈릴레이Galileo Galilei, 1564~1642다.

사실 1609년 갈릴레이가 제작한 망원경은 기존 망원경의 설계를 보완한 것이었다. 그럼에도 이 발명이 중요한 의의를 갖는 이유는 따로 있다. 하나는 하늘을 확대해서 볼 수 있는 도구를 최초로 만들었다는 점, 다른 하나는 갈릴레이가 달에 운석 구멍과 산이 있다는 사실을 관측하고 최초로 보고했다는 점이다.

이어 1610년 갈릴레이는 아주 독특한 현상을 관측하는데, 이는 태양계에 관한 새로운 사실이 밝혀지는 역사적인 순간이었다. 망원경으로 하늘을 관측했더니 목성 주위를 공전하는 위성이 4개 있었다. 이 말은 곧 천체가 지구 주위를 돌고 있지 않다는 의미였다. 금성의 위상phase[8]에서도 금성이 태양 주위를 공전하고 있다는 사실을 확인할 수 있었다. 게다가 하늘에 있는 무수히 많은 별들은 우리가 상상하는 것보다 우주가 훨씬 더 크다는 증거였다.

이런 점을 통틀어 갈릴레이는 교회에서 태양과 행성들이 지구 주

8 위상 : 진동이나 파동같이 주기적으로 반복되는 현상에서 시간, 위치, 진동의 과정 중 어느 단계에 있는지 나타내는 변수.

위를 돌고 있다는 입장을 고집하는 것은 잘못된 행위라는 결론을 내렸다. 그리고 1615년 갈릴레이는 어느 서한에서 이렇게 자신의 생각을 밝혔다.

"성서는 계시로 쓰였지만 이제 태양과 달의 운동에 대해 인간의 생각을 융통성 있게 적용할 때가 되었다."

당시 갈릴레이가 적용한 정량적 실험법은 여전히 과학 연구의 표준으로 여겨진다. 이러한 까닭에 갈릴레이는 '근대 과학의 아버지'라고도 불린다. 정량적 실험법에서는 엄격하게 통제된 조건과 반복적인 실험을 통해 자연계에 관한 특정한 가설을 테스트한 뒤 그 결과를 수치로 나타내고, 가설상의 예측과 실제 테스트 결과가 어느 정도 일치하는지 살펴본 다음에 원래의 가설을 보완하거나 가설에 오류가 있다는 결론을 내린다. 이는 과학 연구에서는 언제나 현재 진행형인 과정이며, 확실한 증거가 뒷받침되는 이론을 정립하는 것이 최종 목표다.

갈릴레오 갈릴레이

Galileo Galilei

(1564~1642)

갈릴레이는 이탈리아의 피사에서 몰락한 귀족 가문의 아들로 태어났다. 아들이 의사가 되어 돈을 많이 벌기를 원한 아버지의 뜻에 따라 의대에 진학했다. 그러나 수학이나 자연철학 외에는 전혀 관심이 없었던지라 학위도 받지 않고 대학을 그만두었다. 이후 갈릴레이는 수학자로 명성을 얻었으나 아버지가 우려했듯이 찢어지게 가난했다. 이런 갈릴레이에게 발명은 인생 역전의 계기였고, 발명에 눈을 돌리면서 생활형편도 나아졌다.

한편 17세기 초 갈릴레이에 앞서 망원경을 발명한 인물이 있었다. 네덜란드의 안경 직공인 한스 리퍼세이Hans Lippershey, 1570~1619다. 갈릴레이는 리퍼세이가 발명한 기존의 망원경을 개선해 천체 관측이 가능한 망원경을 제작했다. 물론 갈릴레이는 리퍼세이의 망원경을 한 번도 본 적이 없었다. 갈릴레이는 자신이 발명한 천체망원경으로 밤하늘을 직접 관측하면서 지구와 행성들이 태양 주위를 돌고 있다는 사실을 발견했다. 이는 천문학사에 길이 남을 위대한 발견이었다. 갈릴레이는 망원경 발명으로 이름을 날리고 대우가 좋은 투스카니의 코시모 데 메디치 대공의 궁정 수학자로 고용되었다.

그러나 갈릴레이의 지동설은 교회의 교리에 완전히 어긋나는 이론이었다. 갈릴레이에 앞서 지동설을 주장한 인물이 있었다. 바로 철학자이자 우주학자인 조르다노 브루노Giordano Bruno, 1548~1600다. 이단자로 낙인 찍힌 브루노는 1600년 종교재판을 받고 화형을 당했다. 아마도 이러한 전례 때문에 갈릴레이는 지동설을 강력히 주장하지 않고 순순히 물러선 듯하다. 이후 갈릴레이는 종교와 과학의 팽팽한 대립을 의미하는 상징적인 인물이 되었다.

크리스티안 하위헌스 조반니 카시니

토성의 고리

우리 태양계에서 두 번째로 큰 행성인 토성은 수천 년 동안 밤하늘을 환히 빛내는 아름다운 노란 별이었다. 1610년 망원경으로 토성을 처음 관측했을 때 갈릴레이는 토성의 양쪽에 위성이 2개 있다고 생각했다. 그로부터 45년 후 덴마크의 천문학자 크리스티안 하위헌스 Christiaan Huygens, 1629~1695가 해상도가 뛰어난 망원경으로 토성을 관측한 결과, 갈릴레이가 2개의 위성이라고 생각한 것은 토성 주변을 두르고 있는 고체로 된 얇고 판판한 고리와 1개의 위성토성의 가장 큰 위성인 타이탄으로 밝혀졌다. 이어 1675년 이탈리아의 천문학자 조반니 카시니Giovanni Cassini, 1625~1712는 토성의 고리가 수많은 고리들로 이

크리스티안 하위헌스

루어져 있고, 각 고리들 사이에 틈카시니 간극이 있으며 토성에 위성이 4개 더 있다는 사실을 발견했다.

2004년 카시니 무인우주선이 토성 궤도에 진입하면서 토성 주변을 띠처럼 두르고 있는 고리 사진을 전송했다. 이 사진에서 토성의 고리는 가스로 구성되어 있고 암석과 얼음이 뒤섞여 있었다. 카시니 무인우주선의 임무는 토성에 이런 띠 구조가 형성된 원인과 그 과정을 규명함으로써 태양계의 기원과 진화에 얽힌 신비를 이해할 수 있는 통찰력을 얻는 것이었다.

또 다른 임무는 토성의 제2위성인 엔켈라두스의 남극에서 수증기와 분출하는 물기둥, 그리고 토성의 위성들을 지속적으로 발견하는 것이었다. 지금까지 발견된 위성만도 60개가 넘는다. 현재 과학자들은 이 위성에 얼음으로 된 지각이 있고 그 아래 지하에 대양이 있을 것으로 추정한다. 또한 습한 환경도 미생물이 서식하기에 유리한 조건이 될 수 있다. 이 발견 이후 태양계에 생물이 존재할 가능성이 커지고 있다.

조반니 카시니

아이작 뉴턴
알베르트 아인슈타인

우주의 중력

영국의 수학자이자 물리학자인 아이작 뉴턴Isaac Newton, 1642~1727은 우주가 물리적으로 지탱되는 원리를 최초로 과학적으로 설명한 학자다.

1684년 천문학자 에드먼드 핼리Edmund Halley, 1656~1742는 행성의 궤도에 관한 조언을 구하기 위해 뉴턴을 찾았다. 놀랍게도 뉴턴은 핼리의 궁금증을 해결할 수 있는 완벽한 과학 이론을 이미 정립해 놓았는데, 그것이 바로 우주의 구조를 지탱하고 있다는 만유인력, 즉 중력이라는 개념이었다.

뉴턴은 단거리와 장거리에 동일한 힘중력이 작용한다는 사실을 입증했다. 그러니까 사과를 땅으로 끌어당기는 힘과 태양 주변을 공전하는 행성을 지탱하는 힘은 같은 것이라는 뜻이다. 그리고 물질, 즉 질량이 더 많을수록 끌어당기는 힘도 크다고 했다.

1687년 뉴턴은 일생의 역작 《자연철학의 수학적 원리Philosophiae Naturalis Principia Mathematica》를 발표했다. 《프린키피아Principia》라는 이름으로 더 많이 알려진 이 책은 중력과 운동법칙을 다루고 있으며 과학적 우주관을 널리 보급시키는 데 기여했다.

이로부터 200년 후 유대계 물리학자인 알베르트 아인슈타인Albert Einstein, 1879~1955은 공간, 시간, 중력을 완전히 새롭게 해석하며 뉴턴

물리학에서 더 나아갔다. 뉴턴은 중력을 끌어당기는 힘으로 이해했으나, 아인슈타인은 1916년 발표한 일반상대성이론에서 중력을 태양의 질량에 의해 휘어진 공간 때문에 똑바로 진행하려는 지구의 운동이 영향을 받아 생기는 현상으로 설명했다. 다시 말해 휘어진 공간은 물질과 에너지가 공간의 기하학적 구조를 휘게 만들기 때문에 생긴다. 아인슈타인은 이 휘어진 공간을 우리가 침대에 누우면 체중 때문에 매트리스가 움푹 들어가는 것과 비슷한 원리로 이해했고, 이는 중력으로 인해 나타나는 현상이라고 해석했다. 아인슈타인은 광선에도 같은 원리가 적용되어 태양처럼 질량이 무거운 물체 주변의 휘어진 경로를 따라다닐 때도 중력으로 인해 광선이 휘어진다고 보았다.

그리고 아인슈타인의 상대성이론은 1919년 영국의 천문학자 아서 에딩턴Arthur Eddington, 1882~1944이 지구를 기준으로 했을 때 태양의 뒤에 있는 원거리 별로부터 오는 빛이 지구에 도달할 때 일식으로 인해 검게 가려진 태양 주변에서 휘어지는 현상을 관측하면서 극적으로 입증되었다.

알베르트 아인슈타인

조르주 르메트르
에드윈 허블

빅뱅과 우주의 기원

1927년 벨기에 출신의 예수회 사제이자 천문학자인 조르주 르메트르Georges Lemaître, 1894~1966는 '팽창하는 우주'라는 개념을 발표했고, 이 개념은 우주의 기원이 빅뱅에서 시작되었다는 빅뱅이론으로 발전했다.

르메트르는 우주가 특이점에서 시작해 팽창했다는 가설을 내놓았다. 우주는 아주 촘촘하고 밀도가 높은 원시원자primaeval atom, 이른바 우주달걀cosmic egg이 대폭발하면서 탄생했다는 것이다. 르메트르의 논문은 벨기에 내에서만 읽히다가 1931년 논문을 영어로 번역한 영국의 천문학자 아서 에딩턴이 훌륭한 이론이라고 평가하면서 해외에 알려지기 시작했다. 참고로, 현재의 학자들은 138억 년 전에 우주가 탄생했다고 본다.

조르주 르메트르

르메트르와 동시대를 살았지만 우리에게 더 많이 알려진 인물은 미국의 천문학자 에드윈 허블Edwin Hubble, 1889~1953이다.

허블은 '우주론의 창시자'라는 타이틀을 차지했지만 사실 르메트르의 우주팽창설과 빅뱅이론을 입증하는 데 기여했을 뿐이다.

그런데 허블이 교수 생활을 시작할 무렵 이와 유사한 일이 또다시 벌어졌다. 허블에 앞서 은하계의 가장자리에 가까워지면 보이는 물체, 현재는 왜소은하로 알려진 대마젤란운과 소마젤란운에 수많은 변광성이 포함되어 있다는 사실을 발견한 학자가 있었다. 바로 헨리에타 리비트Henrietta Leavitt, 1868~1921라는 여성 천문학자였다. 리비트의 관측 결과가 없었다면 허블은 결코 별 사이 거리를 측정하는 법을 개발하며 혁명적인 우주관을 발전시킬 수 없었을 것이다.

뒤늦게 천문학자들은 우주가 자신들이 상상한 것보다 훨씬 크다는 사실을 깨닫기 시작했다. 알베르트 아인슈타인이 일반상대성이론에서 변화하는 우주, 팽창 혹은 수축하는 우주라는 개념을 예견한 것은 이후의 일이다. 그러나 허블이 처음 우주팽창설을 발표할 당시에는 아인슈타인을 포함한 많은 학자들이 이 획기적인 사상을 쉽사리 받아들이지 못했다.

에드윈 허블

밤하늘을 관찰하면 머리털이 풀어헤쳐진 듯한 빛의 조각들이 있다. 허블의 공헌은 이 나선성운을 발견하면서 시작되었다. 이 가스 구름들은 대체 어디에서 온 것일까? 은하계 내부일까, 아니면 은하계에서 아주 멀리 떨어진 항성군일까? 당시 캘리포니아 윌슨산천문대에는 구경이 254센티미터로 세계에서 가장 큰 망원경인 후커망원경이 있었다. 허블은 이 망원경으로 안드로메다성운을 관측하던 중 미광성을 처음 발견했다. 1923년 허블은 이 미광성들이 너무 멀리 있어서 은하계의 일부라고 볼 수 없으며, 은하계에서 가장 먼 거리에 있는 별보다 적어도 10배는 더 멀리 떨어진 곳에 있는 완전히 새로운 은하라는 결론을 내렸다. 이것은 현재 안드로메다은하로 알려져 있다.

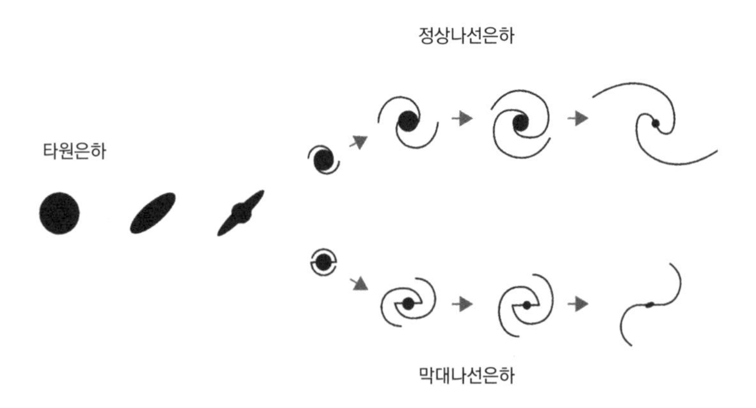

1936년 허블이 분류한 은하. 지구가 속해 있는 은하계는 밤하늘을 가로질러 희미하게 빛나는 띠처럼 보이며 막대나선은하로 분류된다. 은하계에는 가스, 먼지, 약 1,000억 개의 별이 있고, 은하계는 지름이 10만 광년인 납작한 회전원판으로 구성되어 있다. 태양계는 우주의 중심이 아니라 은하계의 작은 나선팔에 위치해 있다.

이후 허블은 더 집중적으로 관측해서 안드로메다은하 이외에 은하를 여러 개 더 발견했다. 우주는 우리가 상상한 것보다 훨씬 더 크고 지구는 그 일부에 불과하다는 사실이 확실해졌다. 허블은 이 은하들을 비교한 뒤 은하를 분류했으며, 당시 허블이 만든 은하 분류 체계가 지금까지 사용되고 있다.

1929년 허블이 우주가 균일하게 팽창하고 있다는 자료를 발표하며 또 하나의 중대한 발견이 이루어졌다. 허블이 관찰한 46개의 은하들은 더 멀리 이동할수록 더 빠른 속도로 움직이고 있었다. 이 연구를 바탕으로 탄생한 것이 바로 "은하들 간의 거리가 멀어질수록 더 빨리 움직인다"는 '허블의 법칙'이다. 즉 은하들 간의 거리가 계속 멀어지므로 우주가 팽창한다우주팽창설는 것이다. 이를 바탕으로 허블은 '우주팽창 방정식'을 세웠다. 이 방정식은 물론 업데이트된 형태이기는 하지만 지금도 사용되고 있다.

한편 허블이 예상한 우주의 팽창 속도는 500킬로미터/초/메가파섹[9]이었다. 쉽게 말해 지구에서 326만 광년 떨어진 은하는 1초당 500킬로미터씩 후퇴한다는 의미다. 이것이 바로 우주론에서 가장 중요한 숫자로 여겨지는 '허블상수'로, 이것은 우주의 크기와 나이를 추정하는 데 사용된다.

현대 천문학자들은 허블이 은하 간 거리를 너무 작게 잡아서 팽창률이 너무 크게 나왔다고 판단하고 있으며 허블상수가 70킬로미터/초/메가파섹일 것이라고 추산하지만 이들이 구한 값도 완전히

9 파섹(parsec)은 우주 공간의 거리를 나타내는 단위로 1파섹은 3.26광년, 1메가파섹은 100만 파섹이다.

정확한 수치는 아니다.

미국 항공우주국NASA과 유럽우주국ESA이 주축이 되어 개발한 우주망원경은 위대한 천문학자 허블의 공적을 기리기 위해 '허블우주망원경'이라고 명명되었으며, 1990년 처음으로 발사되었다. 허블우주망원경은 더 많은 데이터를 제공하며 허블상수의 정확성을 확인하고 개선하는 데 사용되고 있다. 아울러 허블우주망원경 덕분에 우주가 팽창하고 있을 뿐 아니라 그 팽창 속도가 암흑물질이라는 신비로운 힘에 이끌려 가속화되고 있다는 사실도 확인할 수 있게 되었다.

1964년 발견된 우주배경복사cosmic microwave background radiation[10]는 빅뱅의 메아리로 간주되고 있으며, 여전히 빅뱅이론이 우주론의 정설이라는 견해가 우세하다.

프리츠 츠비키

신성, 초신성, 암흑물질

1935년 스위스 출신 천문학자 프리츠 츠비키Fritz Zwicky, 1898~1974는 산 정상 천문대에서 슈미트망원경으로 밤하늘을 관측하고 있었다. 시야가 매우 넓은 슈미트망원경은 츠비키가 초신성supernova이라고 부른 초광도 별들을 찾는 데 이상적이었다. 츠비키는 질량이

10 우주배경복사 : 특정한 천체가 아니라 우주 공간의 배경을 이루며 모든 방향에서 같은 강도로 들어오는 전파.

큰 별이 극적인 죽음을 맞이할 때의 모습을 초신성이라고 가정했다. 초신성은 정상적으로 폭발하는 별인 신성nova보다 폭발 강도가 훨씬 큰 대폭발의 상태로, 단기간만 관측할 수 있었다.

한편 별이 폭발해 부서지면 으스러진 잔여물이 생긴다. 이 잔여물을 중성자별neutron star이라고 한다. 별은 폭발할 때 은하 전체를 비추고도 남을 정도의 엄청난 에너지를 방출하는데, 여기서부터 신세계가 탄생한다. 중성자별은 우주에 존재하는 별 중 가장 밀도가 높고 그 크기도 가장 작은 것으로 알려져 있으며, 전하가 없고 거의 완벽한 중성자 혹은 아원자 상태로 구성되어 있다.

오늘날 우리가 초신성이라고 부르는 별들은 185년 중국에서 처

프리츠 츠비키

음 관측되었다. 망원경이 발명되기도 전에 발견된 초신성이 있고 이후에도 초신성이 수백 개 발견되었다는 기록이 있다. 한편 츠비키가 발견한 초신성은 120개다. 지금도 학자들은 꾸준히 초신성을 탐색하고 있는데, 이때 컴퓨터제어망원경을 이용한다. 은하 하나에는 100년에 두세 번 꼴로 초신성이 나타나고, 우주에는 대략 1,000억 개의 은하가 있을 것으로 추정된다. 그러니까 이론적으로는 우주 전체에서 1초에 서른 번 꼴로 초신성이 나타나는 셈이다.

은하계에서 가장 큰 별들 중 하나인 베텔기우스는 수명이 얼마 남지 않은 별로, 100만 년 내에 초신성이 되어 폭발할 것으로 예상된다. 오리온자리의 알파별인 베텔기우스는 주황빛과 붉은빛이 감도는 초거성supergiant이며 수소 공급량이 고갈되고 있다. 핵은 이미 압축되었고 외층도 확장되어 별이 부풀어 있음을 육안으로 관측할 수 있다.

우주선cosmic ray[11], 이른바 고에너지 복사는 초신성의 부작용으로 나타나는 현상이며 전자장치에 영향을 미칠 수 있다. 우주선은 항공관제시스템에 오작동을 일으켜 항공기 추락 사고를 유발하는 원인이자 유인우주선 행성 간 여행의 장애요인이다.

1933년 츠비키는 현대 천문학의 최대 미스터리 중 하나인 암흑물질을 발견했다. 이름에서 이미 짐작하겠지만 이 암흑물질은 망원경으로 관측되지 않는다. 암흑물질의 존재는 암흑물질이 별과 가시물질의 중력에 미치는 영향을 통해 간접적으로만 추측할 수 있다. 츠

11 우주선 : 지구 밖 천체에서 발생한 고에너지 입자.

비키는 머리털자리은하단의 질량이 큰 별들이 중력에 의해 이 은하단으로 은하들을 끌어들일 수 있을 만큼의 힘을 갖고 있지 않다는 사실을 알게 되면서 처음 암흑물질의 존재를 알아챘다. 이에 츠비키는 이 암흑물질이 우주에서 사라진 질량일 것이라는 결론을 내렸다.

1970년대에 베라 루빈Vera Rubin, 1928~2016은 은하의 가장자리에 위치한 별들은 중력의 법칙에 의해 예상되는 속도보다 훨씬 더 빨리 이동하고 있다는 사실을 발견하는데, 이 이상한 차이는 츠비키의 이론이 옳다는 사실을 입증하는 결정적인 증거였다.

현재 우주를 구성하는 물질과 에너지 중 암흑물질은 약 26퍼센트, 암흑에너지dark energy[12]는 68퍼센트, 일반 가시물질은 고작 5퍼센트밖에 되지 않는 것으로 알려져 있다.

수브라마니안 찬드라세카르

백색왜성과 블랙홀

보통 찬드라로 부르는 수브라마니안 찬드라세카르Subrahmanyan Chandrasekhar, 1910~1995는 영국령 인도의 영토이던 라호르현재 파키스탄에서 태어났다. 아마 찬드라의 과학적 재능은 1930년 노벨물리학상 수상자이자 삼촌인 찬드라세카라 벵카타 라만Chandrasekhara

12 암흑에너지 : 우주 팽창 속도를 가속화하는 데 영향을 미치는 미지의 힘.

Venkata Raman, 1888~1970으로부터 물려받은 듯하다. 원래 찬드라는 영국에서 석사 과정을 밟을 생각이었으나 보수적인 영국 학계에서 찬드라의 혁명적인 아이디어를 거부하며 회의적인 반응을 보이자 미국으로 건너갔다.

여기서 잠시 찬드라의 대표적인 이론을 살펴보자. 태양 같은 별의 심장부에 있는 핵에너지원이 소진되면 그 별은 진화의 마지막 단계에 도달했다고 볼 수 있다. 그런데 노년기에 접어든 별들이 전부 백색왜성처럼 작고, 안정적이고, 천천히 냉각되는 파편의 상태로 생을 마감하지는 않는다. 별의 질량이 특정한 한계점찬드라세카르 한계을 넘을 때, 즉 중성자별이 탄생할 때 질량보다 더 크면 그 별은 초신성이 되어 폭발하고 그 자체가 붕괴되어 무한히 밀도가 높고 무한히 작은 점이 형성된다. 이 점이 바로 블랙홀이다. 그리고 이 블랙홀의 중력은 너무 강력해서 빛을 포함해 블랙홀에 가까워지는 모든 물질을 그 속으로 빨아들인다.

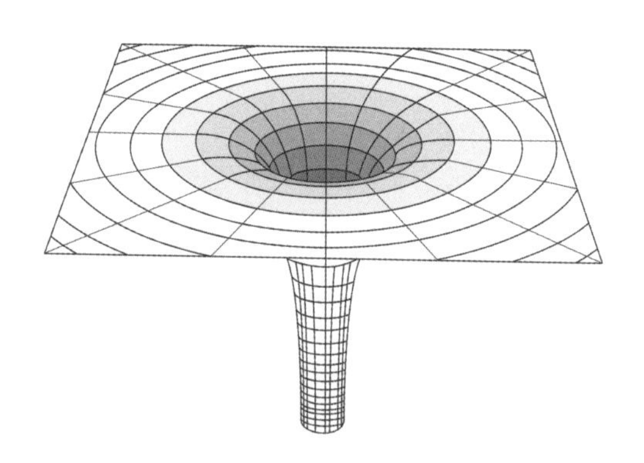

블랙홀은 밀도가 무한한 특이점으로,
중력이 너무 강해 주변의 모든 물질을 끌어당긴다.

이 결론을 내리기까지 찬드라는 엄격한 수학 원리는 물론이고 새로운 양자역학 개념, 특수상대성이론을 통해 밝혀진 백색왜성의 특성을 적용했다.

한편 찬드라는 거대질량의 백색왜성인 경우 볼프강 파울리 Wolfgang Pauli, 1900~1958가 정립한 '파울리의 배타원리'를 적용할 수 있다고 추측했다. 파울리의 배타원리란 양자론의 한 이론으로, "같은 양자 공간에서는 두 전자가 동시에 있을 수 없다"는 것이다. 찬드라는 파울리의 배타원리를 적용해, 질량이 큰 별이 붕괴하면서 수축하는 압력이 빛에 가까운 속도로 전자를 밖으로 이동시켜 더 높은 에너지를 생성시키는 원리를 설명했다. 더 높은 에너지가 생성되면 죽어가는 별 주변에 있는 전자기체electron gas[13]의 표면이 떨어져나가는데, 이때 밀도가 높고 여전히 붕괴 상태에 있는 부분이 잔여물로 남으면서 별은 폭발한다.

수브라마니안 찬드라세카르

찬드라의 별의 구조, 기원, 역학에 관한 연구와 블랙홀의 존재에 대한 예측은 당시에는 크게 주목받지 못하다가 이후 학문적으로 검증되었다.

13 전자기체 : 금속 내 자유전자의 집합체.

수잔 조슬린 벨

퀘이사와 펄서

퀘이사quasar의 존재는 1950년대 전파의 초기 연구 단계에서 처음으로 밝혀졌다. 항성상전파원quasi-stellar radio source의 약어인 퀘이사는 태양계에서 100억~150억 광년 정도 떨어진 가시우주의 끝부분에 존재한다. 그러니까 퀘이사에서 방출되어 현재 지구에 도달한 전파, 빛, 복사는 100억~150억 광년 전 과거의 것이다.

퀘이사는 평평하고 나선형인 디스크와 유사한 구조의 가스에 둘러싸인 초거대질량 블랙홀로 볼 수 있다. 즉 블랙홀의 강한 중력으로 인해 빠른 속도로 회전하면서 생긴 마찰 때문에 빛나는 강착원반accretion disc이다. 퀘이사는 초강력 중력을 지니고 있기 때문에 복사에너지와 독특한 불꽃이 그 특징인 빛을 다량으로 방출하면서 별, 심지어 작은 은하까지도 블랙홀로 빨아들인다. 그래서 학자들은 퀘이사를 찾을 때 이런 특징들을 살핀다.

펄서pulsar를 처음 발견한 사람은 영국의 천문학자 수잔 조슬린 벨Susan Jocelyn Bell, 1943~이다. 그날도 벨은 여느 때처럼 케임브리지대학교 인근 벌판의 말뚝에 감아놓은 기본 안테나로 최근에 발견된 퀘이사를 관측하고 있었다. 그런데 희미하고 규칙적인 펄스맥동가 들리는 것이 아닌가. 연구팀은 외계에서 '작은 초록 외계인'이 지구와 통신을 시도하고 있는 것은 아닐까 의심했다. 그런데 알고 보니 펄스는 회전하고 있는 중성자별에서 오는 신호였다. 중성자로 구성

수잔 조슬린 벨

된 초고밀도의 작은 별전하가 없는 아원자 입자, 1935년 프리츠 츠비키가 초신성 폭발 후 잔여물로 남는다고 말한 바로 그 별이었다. 그래서 이 별들은 맥동전파원이라는 의미를 지닌 펄서라고 명명되었다.

펄서를 발견한 공로로 안토니 휴이시Antony Hewish, 1924~ 교수는 1974년 노벨물리학상을 수상했으나 안타깝게도 펄서를 최초로 발견한 벨은 학생 신분이라는 이유로 수상자 명단에서 제외되었다.

현재 은하계에는 최대 3만 개의 중성자별이 있는 것으로 추정되며 지금도 거대전파망원경은 펄서의 신호를 포착하기 위해 밤하늘을 향해 있다.

스티븐 호킹

빅뱅의 특이점

스티븐 호킹Stephen Hawking, 1942~은 현존하는 과학자 중에서도 가장 이름이 많이 알려진 학자로, 우주의 창조, 진화, 현재의 구조를 더 쉽게 이해할 수 있는 길을 터주었다.

호킹과 로저 펜로즈Roger Penrose, 1931~는 1960년대에 일반상대성이론을 연구하면서 과거에는 틀림없이 밀도가 무한한 상태였다는 사실을 발견했다. 이처럼 모든 은하들이 서로 다닥다닥 붙어 있고 우주에서 밀도가 무한대인 지점을 '빅뱅 특이점Big Bang Singularity'이라고 한다. 호킹과 펜로즈의 업적은 빅뱅 특이점을 증명하기 위해 새로운 수리적 기법을 개발한 것이다.

호킹 이전의 과학자들은 일단 블랙홀에 근접하면 절대로 탈출할 수 없다고 믿었다. 그런데 호킹이 특수한 상황에서는 블랙홀이 특정한 아원자 입자를 방출할 수 있다는 사실을 발견하는데, 이것이 바로 '호킹복사Hawking Radiation'라는 개념이다. 이외에도 호킹은 블랙홀에도 온도가 있고 블랙홀이 완전히 암흑 같은 상태는 아니라는 사실도 입증해 보였다. 호킹에 의하면 블랙홀도 '열역학 법칙'에 따라 활동하다가 서서히 죽어간다고 한다.

스티븐 호킹

Stephen Hawking

(1942~)

호킹은 열대병 전문가인 아버지의 영향을 받아 10대 시절부터 기초과학 분야에 관심이 많았다. 호킹은 옥스퍼드대학교에서 물리학을 전공하고 케임브리지대학교에서 우주론 박사 과정에 들어갔다. 그러나 박사학위를 받을 무렵 운동 뉴런에 발생해 근육 약화와 소모를 일으키는 루게릭병에 걸렸다는 진단을 받았다. 의사들은 호킹에게 살날이 얼마 남지 않았다고 했으나 호킹은 얄궂은 운명에 굴복하지 않았다. 오히려 이 시련을 자신의 능력을 펼칠 기회로 삼고 우주의 신비를 파헤치고 말겠다는 의지를 불태웠다.

호킹의 운동능력은 나날이 퇴화했고 결국 휠체어 신세를 지게 되었다. 몇 년 후에는 안면근육까지 말을 듣지 않아 발음이 불분명해지면서 연구생들이 대신해서 강의록을 낭독해야 했다. 1985년 수술 후 호킹은 말하는 능력마저 상실했으나 몸에 컴퓨터 장비와 언어합성기를 장착하고 전자음성으로 목소리를 재생하면서 지금도 대중 앞에서 활발한 강연 활동을 펼치고 있다.

Chapter 2

수학

수의 과학

단순한 계산에서 복잡한 암호학에 이르기까지 우주는 수학과 관련된 수수께끼로 가득하다. 숫자들은 서로 어떤 작용을 하고 도형은 어떻게 표현되며 패턴은 어떻게 형성되는 것일까? 대부분의 과학 분야와는 달리 수학 이론은 증명을 통해 참이라는 사실을 입증할 수 있다. 그리고 한번 참으로 입증된 이론은 영원히 참이다. 그래서 수학의 역사는 구 모델을 신 모델로 대체하는 작업이라기보다는 전혀 새로운 아이디어를 개발하는 과정에 가깝다. 수학의 세계에는 여전히 풀리지 않은 수수께끼들과 확인조차 되지 않은 문제들이 수두룩하다.

유클리드
기하학 원론

'기하학의 아버지'라고 불리는 그리스 출신의 유클리드Euclid, BC 325경~BC 265경가 펴낸 《기하학 원론The Elements of Geometry》은 세계에서 최장 기간 동안 가장 많이 출판된 책이다. 유럽과 중동 지역에서 2000년 동안 최고의 수학 교재로 사용된 《기하학 원론》은 제목과는 달리 수학의 전 영역을 다루고 있으며, 명쾌하고 단순하고 쉽게 이해할 수 있도록 쓰였다. 그중 몇 가지 증명과 정리는 지금까지도 유클리드만큼 명쾌하게 설명을 내놓은 학자가 없다.

총 13권으로 구성된 《기하학 원론》에는 정의, 정리, 증명, 증명되지 않은 공준postulate 혹은 공리axiom[1]가 소개되어 있다. 또한 이 책에는 이론과 실전 응용편이 함께 실려 있어서 자신이 공부한 수학 이론을 실전에 적용해보고 싶은 독자들에게 도움이 되었다.

유클리드에 대해 알려진 것은 당시 학문의 중심지인 알렉산드리아에서 학생들을 가르쳤다는 사실밖에 없다. 그러나 이름을 딴 유클리드기하학이라는 표현이 사용되고 있는 것으로 보아 아마 그 분야의 대가였던 듯하다. 점, 선, 면, 그리고 기타 도형들을 연구하는 분야인 유클리드기하학에서 유클리드는 모든 이론을 설명할 때 먼

1 공준과 공리 : 공준은 자명한 명제는 아니지만 기본적인 전제가 되는 것, 공리는 증명된 사실은 없으나 참이라는 사실이 자명하다고 여겨지는 명제다. 수학에서는 이론의 기초로 가정한 명제를 그 이론의 공리라고 한다.

저 가정을 세우고 결론을 내리는 방식으로 설명했다.

한편《기하학 원론》에는 기하학적 미의 기준과 관련 있는 황금비율, 플라톤 입체로 알려진 5개의 정다면체[2], '피타고라스의 정리'[3] 등 유명한 수학 원리도 소개되어 있다. 그런데 실제로 피타고라스의 정리를 공식화한 사람은 그리스의 수학자 피타고라스Pythagoras, BC 582경~BC 497경가 아니다. 아마 피타고라스가 이 명제가 참이라는 사실을 증명했기 때문에 이런 이름이 붙은 것으로 추측된다.

한편 유클리드는 원칙을 중시하는 대쪽 같은 성품의 학자였던 것으로 짐작된다. 어느 날 파라오가 유클리드에게 수학을 잘하는 지름길이 있는지 물었다. 그랬더니 유클리드가 이렇게 대답했다고 한다.

"기하학으로 가는 길에는 왕도가 없다."

유클리드

2 5개의 정다면체 : 정사면체, 정육면체, 정팔면체, 정십이면체, 정이십면체.

3 피타고라스의 정리 : 직각삼각형의 빗변의 길이의 제곱은 나머지 두 변의 길이의 제곱의 합과 같다.

아르키메데스

기계의 수학

시라쿠사의 수학자 아르키메데스Archimedes, BC 287경~BC 212경는 고대 그리스의 동시대인들 사이에서는 독창적인 수학적 사고보다 기계장치의 원리에 해박한 사람으로 알려졌다. '아르키메데스의 나선'으로 알려진 나선양수기나 복합도르래 같은 장치들은 사회에 이롭게 사용되었지만, 거대 투석기와 '아르키메데스의 갈고리' 같은 전쟁 기계들은 악명 높은 발명품이었다. 거대한 갈고리가 여러 개 있는 닻과 갈고리 모양의 도구가 배를 격파해 침몰시키거나 물속에 침몰된 배까지도 들어올릴 수 있었다.

아르키메데스가 발명한 장치들은 지레가 장착되어 있는 것이 특징이다. 아르키메데스는 지레를 최초로 발명한 사람은 아니었으나 평형의 원리로 기계의 작동 원리를 쉽게 설명했다. 아르키메데스와 관련해 가장 유명한 것은 '아르키메데스의 원리'다. 아르키메데스는 물속에 몸을 담갔을 때 넘치는 물의 양과 체중이 같다는 원리를 이용해 부피를 측정했으며, 이 부력의 원리를 활용하는 재치를 발휘해 시라쿠사 왕의 왕관에 금이 아닌 싸구려 금속이 섞였는지 여부를 알아냈다고 한다.

아르키메데스는 원의 면적을 구할 때 실진법method of exhaustion[4]을

4 실진법 : 도형을 잘게 잘라서 넓이를 구하는 방식으로 적분의 구분구적법과 유사한 개념이다.

이용했는데, 원에 내접하는 정다각형과 원에 외접하는 정다각형을 작도하는 법과 원에 근접한 형태가 되도록 다각형의 변을 늘리는 방법도 함께 설명했다. 이외에도 아르키메데스는 구와 원기둥의 관계를 발견했고 제곱근과 삼각형, 사각형, 원 등 도형의 특성에 대해서도 연구한 것으로 알려져 있다.

아르키메데스

Archimedes

(BC 287경~BC 212경)

아르키메데스는 그리스 식민지인 시칠리아 섬의 시라쿠사에서 천문학자의 아들로 태어났다. 아르키메데스는 유명한 기계장치 발명가였지만 일반인들에게는 부력의 원리를 깨닫자 공중목욕탕에서 알몸으로 "유레카!"하고 외치며 뛰어나왔다는 아르키메데스의 원리로 더 많이 알려져 있다.

한편 아르키메데스의 저서 《역학적 정리에 관한 방법The Method of Mechanical Theorems, BC 250경》에는 "처음에는 역학적 방법을 쓰는 것이 확실해도 나중에 반드시 기하학적 증명을 해야 한다"라는 대목이 등장한다. 이것만 보아도 아르키메데스가 역학보다 수학 이론을 중요시했다는 사실을 알 수 있다.

BC 218년 제2차 포에니전쟁[5]에서 시라쿠사와 카르타고는 동맹을 맺고 로마를 침략했는데, 이 수십 년의 기간 동안 로마군을 물리치는 데 아르키메데스의 전쟁 기계들이 사용되었다. 그러나 BC 212년경 시라쿠사가 로마에 패배하며 아르키메데스도 죽음을 맞이하게 된다.

전해지는 이야기에 의하면, 수학계의 원로인 아르키메데스에게는 안전통행권이 있었는데 수학 문제를 골똘히 생각하느라 정신이 팔려 로마 군사들을 무시하고 지나쳤고, 그 바람에 로마 장군에게 압송되는 과정에서 분노한 로마 군사들의 칼에 찔려 처참하게 죽었다고 한다. 한편 로마 군사들이 아르키메데스를 사살하는 것을 최고의 전리품이라고 여겨서 아르키메데스를 죽였다는 설도 있다.

5 포에니전쟁 : BC 218년 카르타고의 한니발 장군이 코끼리를 타고 알프스산맥을 넘어 로마를 침략한 전쟁. BC 201년까지 지속되었다.

장형
조충지
파이값을 구하다

세계에서 가장 유명한 숫자는 파이π일 것이다. 파이는 22를 7로 나눈 몫인 3.14로, 원의 성질을 설명할 때 나오는 원주율이다. r을 반지름이라고 할 때 모든 원의 둘레는 $2\pi r$이고, 모든 원의 넓이는 πr^2이라는 공식이 성립하는데, 이때 π가 사용된다. 그만큼 파이라는 숫자는 응용기하학에서 쓰임새가 다양하다. 실제로 고대 이집트 기자의 피라미드 높이를 구할 때 파이와 피라미드 둘레의 비를 이용했다고 한다.

또한 파이는 인내심이 필요한 수학 문제를 해결할 때 반드시 필요한 존재이기도 하다. 예를 들어 자와 컴퍼스만 있으면 원에 내접하는 사각형을 같은 크기로 계속 그릴 수 있다.

파이를 처음으로 발견한 사람이 누구인지는 아무도 모른다. 그러나 바빌로니아, 이집트, 그리스, 인도, 중국, 중앙아메리카의 마야 등 수학이라는 학문이 존재한 모든 문명에서는 나름의 방법으로 모두 파이값을 구했다. 초기의 학자들은 여러 가지 기하학적 방법을 동원해 파이값을 계산했는데, 그 값은 3.12와 3.16 사이였다. 중국의 발명가 장형張衡, 78~139이 구한 10의 제곱근은 3.162였다.

장형

이후 천문학자이자 기술자, 수학자인 조충

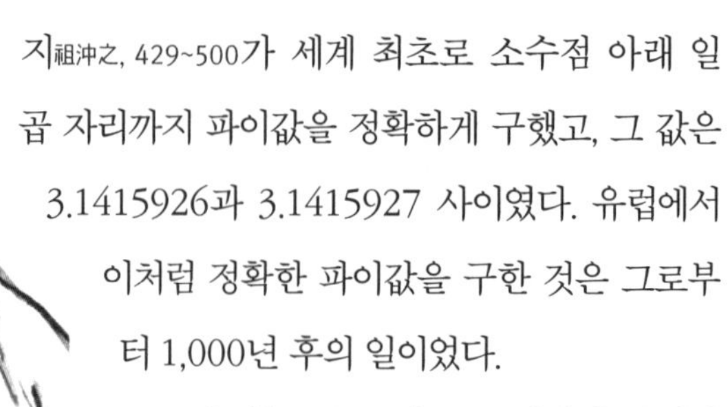

지祖沖之, 429~500가 세계 최초로 소수점 아래 일곱 자리까지 파이값을 정확하게 구했고, 그 값은 3.1415926과 3.1415927 사이였다. 유럽에서 이처럼 정확한 파이값을 구한 것은 그로부터 1,000년 후의 일이었다.

조충지

조충지는 중국 최초로 역법에 분점의 세차운동을 반영한 인물로, 원래 역법 개정에 관심이 많았다. 조충지가 만든 역법은 감탄을 자아낼 정도로 정확했다. 조충지가 계산한 태양년은 365.24281481일로, 현대 학자들이 계산한 값과 불과 50초밖에 차이가 나지 않는다.

이처럼 놀라운 학문적 업적을 이루었으나 안타깝게도 조충지는 자신이 만든 역법이 채택되는 것을 보지 못하고 세상을 떠났다. 그래도 지남차, 외륜차 같은 발명품으로 평생 이름을 날렸다. 조충지의 업적은 이뿐만이 아니다. 수학 이론에 관한 책도 남겼는데, 웬만한 학자들은 이해할 수 없을 정도로 난해해서 결국 황제의 강의 항목에서 누락되었다고 한다.

파이는 그 자체만으로도 수학적 사고에 도움이 되는 존재다. 1882년 페르디난트 폰 린데만Ferdinand von Lindemann, 1852~1939은 파이가 초월수순환마디를 예측할 수 없는 무한소수라는 사실을 증명했다. 2011년에는 191일 동안 컴퓨터 프로그램을 돌린 결과 소수점 아래 10조 자리까지 파이값을 구할 수 있었다. 언젠가는 소수점 아래 구골10의 100제곱 자리까지 파이값을 구할 날이 오겠지만, 여전히 파이의 제곱근에 근접한 값은 구하기 어려울 것으로 보인다.

아리아바타
사인표

고대 인도의 수학은 상당한 수준까지 발달한 것으로 알려져 있다. 잠시 주춤하던 고대 인도 수학을 부활시킨 학자는 아리아바타Aryabhata, 476~550다. 타고난 천재인 아리아바타는 불과 23세의 젊은 나이에 대표작《아르야바티야Aryabhatiya》를 발표했다.

총 119편의 시극이 수록된《아르야바티야》에서 아리아바타는 최초로 제곱근을 찾는 방법과 삼각법의 기초 개념을 설명했다. 이후 이 내용은 '사인표'라고 불렸다. 이 책에서 아리아바타가 사인표를 작성하는 데 사용한 방법 중 하나가 피타고라스의 정리였다. 뿐만 아니라 아리아바타는 구면기하학에 평면삼각법을 적용해 구면에 있는 점과 선을 평면에 사영하는 법을 설명했다.

한편 아리아바타는 다음 두 가지 개념을 제시하며 수학과 천문학에 혁신을 일으켰다. 소수점을 도입해 10분의 1, 100분의 1, 1,000분의 1 등을 표기했고, 0이라는 개념을 독특한 방식으로 이해했다. 초기 문명에서는 0을 수확이 없어서 굶어 죽는다는 의미로 받아들였다. 여기서 중요한 사실은, 수학에 0이라는 개념이 도입되면서 음수라는 개념이 발전했고 0이 기초 산술의 중요한 단계가 되었다

아리아바타

는 것이다. 그러면서 수학은 지식 추구를 목적으로 하는 학문의 단계로 올라설 수 있었다. 인도의 수 개념은 아리아바타의 저서를 통해 중동 지역으로 전파되어 발전한 다음 유럽으로 전해졌다.

레오나르도 피보나치

유럽에 소수점이 도입되다

이상한 일이지만 1202년까지 서유럽의 수학에는 0이라는 개념이 없었다. 그러니 1202년 이탈리아 출신의 젊은 회계원 레오나르도 피보나치Leonardo Fibonacci, 1170~1250가 발표한 《산반서Liber abaci》는 유럽인들에게는 신선한 충격으로 다가왔을 것이다. 아라비아 숫자, 0이라는 개념, 자릿수를 나타내는 소수점 표기법 등, 인도와 아랍의 여러 가지 수학 개념이 유럽에 처음 소개된 것도 이 책을 통해서였다.

피보나치에게 아랍의 수학 개념을 공부할 것을 권유한 사람은 아버지였다. 중개상이던 아버지는 북아프리카와 상거래를 하기 위한 교육을 시키려고 피보나치에게 수학을 가르쳤다. 아랍의 수학을 배우면서 피보나치는 아라비아 숫자가 로마 숫자보다 훨씬

레오나르도 피보나치

간단하고 정확한 계산을 할 수 있는 체계라는 사실을 깨달았고, 이탈리아로 돌아온 후 유럽인들에게 아라비아의 수 체계를 도입할 것을 설파했다. 이후 유럽 수학에 0이라는 개념이 도입되면서 0보다 작은 수를 의미하는 음수라는 개념이 생겼다. 그러니까 피보나치는 유럽의 정수론 발전의 초석을 다진 셈이다.

실력 있는 수학자인 피보나치는 추상적인 정리들을 실생활에 응용할 줄 알았다. 피보나치의 저서들에는 본인이 다년간의 거래 경험을 통해 체득한 실례, 이를테면 비용과 이윤 계산법이나 지중해 국가에서 주로 사용하는 화폐들의 환율 계산법 등이 상세하게 설명되어 있어서 특히 상인들에게 유용했다. 뿐만 아니라 피보나치는 측량 문제 풀이법도 제시했다.

그런데 사람들이 피보나치라는 이름을 들으면 가장 많이 떠올리는 것이 과학, 수학, 자연 등 다양한 분야에 응용되고 있는 '피보나치 수열'이다. 원래 피보나치 수열은 1, 1, 2, 3, 5, 8, 13, 21, 34, 55, 즉 연속된 세 수가 있다고 가정할 때 1항과 2항의 수를 합한 값이 3항이고, 1항이 1, 2항이 1, 3항이 2여야 한다. 그러나 《산반서》에는 1항이 빠져 있다. 1, 2, 3, 5, 8, 13, 21, 34, 55, 즉 1항이 1, 2항이 2, 3항 3이다.

한편 피보나치 수열대로 정사각형을 그린 다음 서로 대각선 방향에 있는 두 꼭짓점을 연결하면 소용돌이무늬가 나온다. 이러한 규칙성 때문에 피보나치 수열 같은 숫자 패턴은 수학자들 사이에서 특히 인기가 많다.

이외에 피보나치 수열은 수학 문제의 해법을 찾을 때도 여러모로

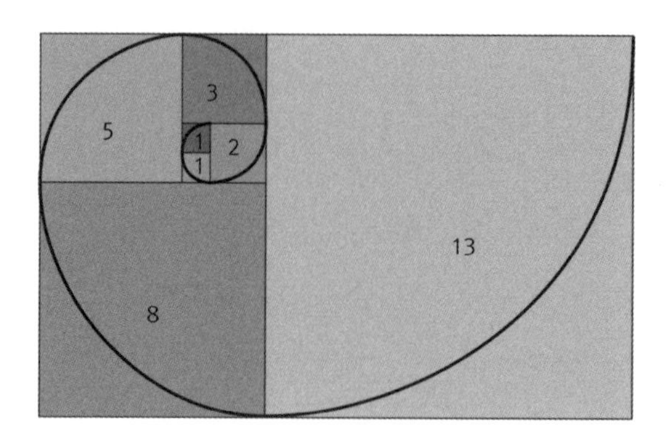

피보나치 수열의 시각적 표현

쓸모가 많다. 피보나치 수열은 컴퓨터 소프트웨어와 경제성장 모델을 설명하는 데도 사용될 뿐만 아니라, 나뭇가지, 파인애플의 소용돌이무늬, 솔방울, 해바라기 꽃잎의 배열, 라즈베리 씨앗의 분포 등 우리가 자연에서 흔히 접하는 사물 속에서도 쉽게 찾아볼 수 있다.

르네 데카르트

데카르트좌표

수학을 배우다가 x축과 y축이 그려진 그래프가 나오면 학생들의 머리가 지끈거리기 시작한다. 혹시 여러분은 수학 시간에 나오는 카테시안좌표Cartesian coordinates, 즉 데카르트좌표를 처음 만든 사람이 누구인지 알고 있는가? 바로 프랑스의 수학자이자 철학자인 르네 데카르트René Descartes, 1596~1650다.

어느 날 데카르트는 멍하니 누워 허공을 날아다니는 파리를 보고 있었다. 그러다 문득 머릿속에 파리의 움직임을 기하학과 대수적으로 표현할 수 있겠다는 생각이 들었다. 그러니까 파리가 있던 위치를 점으로 표시한 다음 이 점들을 연결하면 파리가 이동한 경로가 되고 다시 이 선들을 연결하면 도형이 되지 않을까 생각한 것이다. 그래서 데카르트는 평면에 서로 직교하는 수평선과 수직선, 그러니까 x축과 y축을 그린 뒤 점들의 위치에 번호를 붙였다. 그리고 이러한 평면을 자신의 라틴어식 이름인 카르테시우스를 따서 '카테시안 평면'이라고 불렀다.

사실 좌표평면이라는 아이디어를 떠올린 사람은 데카르트만이 아니었다. 동시대를 살던 프랑스 출신 수학자 피에르 드 페르마도 좌표평면이라는 개념을 생각했고, 이 때문에 원조 논쟁이 벌어지기

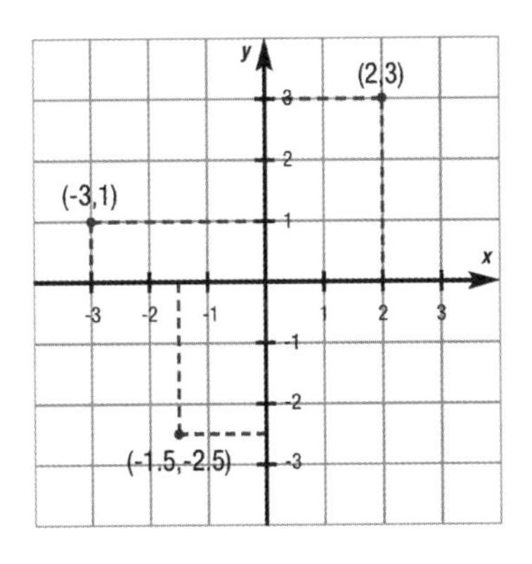

정사각형 격자에 나타낸 데카르트좌표. 가로축과 세로축이 수직으로 만나는 점을 원점이라고 한다. 원점을 기준으로 오른쪽과 위쪽에는 양수를, 원점을 기준으로 왼쪽과 아래쪽에는 음수를 쓴다. 격자의 모든 점은 원점에서 멀어진 거리를 말한다. 좌표를 나타낼 때는 괄호를 사용하며, 가로축의 x좌표를 먼저 쓴다. 예를 들어 원점의 좌표는 (0,0)이다.

도 했다. 나중에 밝혀진 사실이지만 수학계의 양대 산맥 데카르트와 페르마는 공동연구를 한 적이 없고 독자적으로 좌표평면이라는 개념을 발전시켰다고 한다.

데카르트좌표는 수학 시간에 그래프를 그릴 때만 사용되는 것이 아니다. 지도의 지점 표시 등 일상생활에서도 널리 활용된다. 무엇보다도 데카르트좌표는 대수학과 기하학이라는 두 영역을 획기적으로 연결시키며 해석기하학 발전에 크게 기여했다는 점에서 가장 큰 의의가 있다. 이제 대수적 표현을 좌표나 선으로 표현하거나, 반대로 도형을 대수방정식으로 나타낼 수도 있게 되었다.

한편 아이작 뉴턴은 데카르트의 사상에 많은 영향을 받은 것으로 알려져 있는데, 데카르트좌표는 나중에 뉴턴이 미적분학을 발전시키는 밑거름이 되기도 했다.

이외에도 데카르트는 수학 표기법 정착에 기여했다. 현재 표준화되어 사용 중인 표기법 중 지수에 첨자를 사용하는 2^{10} 같은 거듭제곱 표기법도 데카르트가 만든 것이다.

르네 데카르트

René Descartes

(1596~1650)

데카르트가 처음 해석기하학이라는 아이디어를 떠올린 곳은 찜통처럼 푹푹 찌는 방이었다. 전해지는 일화에 의하면 그날 데카르트는 더위를 먹고 정신이 혼미한 상태에서 논리학과 철학을 서로 연계시켜야 한다는 환상을 체험했다고 한다.

"나는 생각한다. 고로 존재한다."

근대 철학의 아버지 데카르트가 남긴 명언으로, 이 문장에는 세상에 존재하는 모든 만물을 의심한 데카르트의 사유 방식이 깃들어 있다. 신중한 성격인 데카르트는 "내가 완벽하게 이해할 수 없는 것은 결코 진실로 받아들여서는 안 된다"고 보았다.

데카르트의 대표작인 《방법 서설Discourse on the Method》은 당시 학술어인 라틴어가 아니라 프랑스어로 쓰였는데, 데카르트가 강조했듯이 여자들까지도 포함해 모든 사람들이 이 책을 읽기를 바라는 그의 바람이 담겨 있다.

데카르트의 출생지인 투렌 지방의 헤이그는 데카르트의 업적을 기리기 위해 데카르트로 개칭되었는데, 수학자에게 자신의 이름을 딴 도시가 있는 사례는 흔치 않다.

피에르 드 페르마

정수론

그리스 시대부터 정수론은 서양 수학에서 등한시한 분야였다. 이렇게 죽어 있던 정수론을 되살린 이는 프랑스의 변호사이자 아마추어 수학자인 피에르 드 페르마Pierre de Fermat, 1601~1665였다. 간혹 고급산술이라고 불리기도 하는 정수론에서는 수의 특성과 관계를 다룬다. 그중에서도 페르마는 최초로 0을 포함한 자연수만을 다룬 학자로, 자신이 낸 문제에 분수가 답으로 나오는 것을 못 견뎌할 정도였다고 한다.

페르마는 르네 데카르트와 거의 같은 시기에 좌표계를 발전시킨 해석기하학의 창시자이면서, 블레즈 파스칼과 함께 확률론의 공동창시자이기도 하다. 페르마는 사상적으로는 대수학을 통해 수학을 해석할 수 있다고 믿은 프랑수아 비에트François Viète, 1540~1603의 관점을 이어받았고, 방법론적으로는 고대 그리스의 수학자 디오판토스Diophantus, 약 250경의 영향을 받았다. 디오판토스는《산술Arithmetica》에서 추측을 제기하고 추측에 관한 정리를 식으로 나타냈으나, 이 정리에 관한 증명이나 답을 구하는 것은 독자들의 몫으로 남겨두었다. 디오판토스의 영향을 받아 페르마도 수학 퀴즈를 만든 뒤 해법을 제시하지 않고 독자들이 직접 증명하도록 유도했다.

피에르 드 페르마

페르마는 단기적으로는 학계에 별다른 영향을 끼치지 못했으나 장기적으로는 현대 정수론에 직접적인 영향을 끼친 인물이다. 페르마는 자신이 세운 이론을 거의 책으로 펴내지 않았고, 그나마 남아 있는 것도 학식 있는 지인들과 나눈 서신이나 책의 여백에 써놓은 것이 대부분이다. 그중 가장 유명한 것은 '페르마의 소정리'와 '페르마의 대정리'다. 페르마의 소정리는 "$n^p - n$에서 p가 소수이면 그 답은 항상 p의 배수"라는 정리로, 지금도 소수를 찾을 때 활용되는 방법이다. '페르마의 마지막 정리'로 더 많이 알려져 있는 페르마의 대정리는 지금은 증명이 되었지만 300년 가까이 해결되지 않던 수학의 난제였다.

블레즈 파스칼

사영기하학과 확률론

17세기 프랑스가 낳은 천재 수학자 블레즈 파스칼Blaise Pascal, 1623~1662은 사영기하학projective geometry과 확률론 발전에 지대한 공헌을 한 인물이다. 파스칼은 최초의 기계 계산기를 발명했고 '파스칼의 삼각형'이라는 흥미로운 숫자 패턴을 만들었다.

파스칼이 사영기하학에서 '파스칼의 정리'를 발표했을 때 나이는 겨우 16세였다. 파스칼의 정리는 기하학적 도형과 다른 평면에 사영된 이미지의 관계를 설명하는 이론이다. 원뿔곡선에 내접하는 육각형에는 서로 마주보는 변이 세 쌍 있다. 이 세 쌍의 변들을 각각 연장시

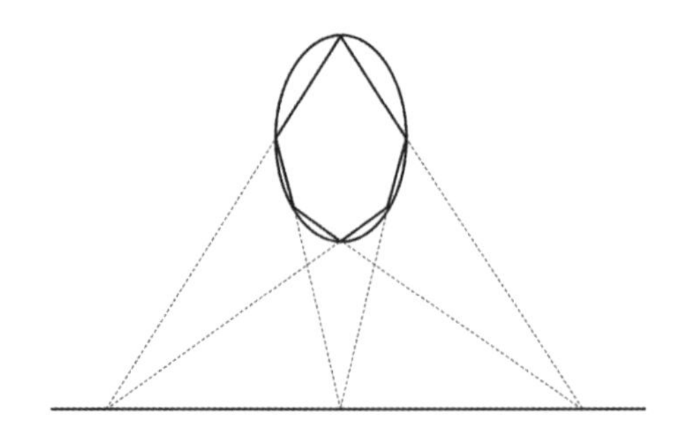

파스칼의 정리를 증명한 원뿔곡선에 내접하는 육각형

키면 교점이 3개 생기는데 이 세 점이 일직선상에 있다는 것이 파스칼의 정리다.

1654년 파스칼은 피에르 드 페르마와 두 가지 내기 문제로 서신을 교환했다. 하나는 도박에서 6이 두 번 나올 확률은 얼마인지, 다른 하나는 도박을 하다가 내기를 중단했을 때 판돈을 어떻게 분배할지에 관한 문제였다. 이때 두 사람이 교환한 서신은 특수한 상황에서 변수의 기댓값을 제시하는 확률론이 탄생하는 계기가 되었다.

한편 파스칼은 계산기를 발명한 것으로도 유명하다. 파스칼계산기Pascaline라고 불리는 이 계산기는 원래 파스칼이 세무관리인 아버지를 돕기 위해 만든 장치였다. 덧셈과 뺄셈 계산 기능이 있는 파스칼계산기는 현대 컴퓨터의 전신이었으나 가격이 너무 비싸고 사용법이 복잡해 상용화에는 실패했다.

파스칼의 업적은 수학에만 머물지 않았다. 파스칼은 자신의 이름을 딴 '파스칼의 원리'[6]를 전개했을 뿐만 아니라 수압기와 주사기도

6 파스칼의 원리 : 밀폐된 용기 안에 있는 정지 유체(流體)의 일부에 압력이 가해지면 그 압력이 유체의 모든 점에 전달된다는 법칙.

발명했다. 물론 진공의 존재도 증명했다. 그러나 동시대의 사상가 르네 데카르트는 진공 상태의 존재를 도저히 인정할 수 없어서 파스칼에게 "당신 머리는 진공 상태로 꽉 차 있다"는 말로 응수했다고 한다.

블레즈 파스칼

Blaise Pascal

(1623~1662)

파스칼은 아버지한테서 교육을 받았다. 그러나 파스칼의 아버지는 적어도 15세는 되어야 수학을 배울 수 있다고 생각한 사람이었다. 그러니까 15세까지 파스칼은 독학으로 수학을 공부한 셈이다.

1646년 파스칼은 로마 가톨릭 내의 개혁운동파이자 이단 성향이 있다고 간주되는 장세니즘Jansenism을 알고는 점점 더 종교에 빠져들었다. 그리고 1654년에 환상을 체험하는데, 자신이 본 환상을 평생 세상을 등지고 기도자의 삶을 살아야 한다는 의미로 받아들였다. 종교에 귀의한 후 파스칼은 수학사에 족적을 남길 만한 업적을 남기지 못했다. 1662년 암으로 세상을 떠날 때까지 파스칼은 《팡세Pensées》라는 명상록을 집필하는 데 전념했다. 바로 이 책에 '파스칼의 내기'라는 일화로 유명한 확률론이 수록되어 있다. "신이 존재하지 않는다면 신을 믿는 사람들이 잃을 것은 아무것도 없을 것이다. 반면 정말로 신이 존재한다면 신을 믿지 않은 사람들은 모든 것을 잃게 될 것이다."

고트프리트 라이프니츠

2진법

독일의 박식가 고트프리트 라이프니츠Gottfried Wilhelm von Leibniz, 1646~1716는 영국을 대표하는 수학자이자 과학자인 아이작 뉴턴과 미적분 논쟁에 휘말렸던 학자다. 이런 까닭에 영국의 학자들은 오랫동안 라이프니츠가 미적분학으로 과학과 수학 분야에 세운 공로를 인정하지 않았다.

사실 라이프니츠는 미적분학 외에도 현대 과학 발전에 지대한 공헌을 한 학자다. 바로 디지털 혁명과 컴퓨터 탄생의 주역인 2진법 체

고트프리트 라이프니츠

계를 정비했기 때문이다. 1679년 라이프니츠가 발표한 〈2진법 계산법에 관한 설명Explanation of Binary Arithmetic〉이라는 논문에는 제목에서도 분명히 알 수 있듯이 현재 사용하는 2진법 체계가 소개되어 있다.

현재 우리가 사용하는 10진법에서는 10개의 숫자를 사용하는 반면 2진법에서는 2개의 숫자로만 셈을 한다. 물론 라이프니츠 이전에도 2개의 문자로 나타내는 2진법이 존재했다. 그러나 0과 1이라는 두 숫자를 사용하고 오른쪽에서부터 왼쪽으로 읽는 표기법을 처음 도입한 사람은 라이프니츠였다.

사람들은 대부분 10진법에 익숙하기 때문에 2진법으로 셈을 하는 데 서투르다. 그런데 인간의 두 손이나 다름없는 현대인들의 필수품인 디지털기기가 2진법 체계를 바탕으로 한다니 참 아이러니한 일이다.

라이프니츠는 법률가, 왕의 조신, 외교관이었으며 세상은 신이 만든 최고의 걸작품이라는 낙관주의적인 사고를 가진 철학자였다. 이 외에도 라이프니츠는 도서관의 장서 분류 시스템만큼이나 다양한 주제와 기호논리학에 관한 글을 남겼다. 한편 뉴턴을 신봉한 프랑스의 작가 볼테르는 1759년 자신의 소설《캉디드Candide》에서 팡글로스 교수라는 인물에 빗대어 라이프니츠를 풍자하기도 했다.

아이작 뉴턴

미적분학

영국의 자연철학자 아이작 뉴턴은 중력 이론과 운동법칙으로 가장 많이 알려져 있다. 그러나 물리학과 수학을 별개의 학문으로 분리한 상태에서는 뉴턴의 이론 세계를 이해할 수 없다.

1687년 뉴턴이 발표한《프린키피아》는 물리학과 수학은 불가분의 관계에 있다는 관점에서 서술된 책으로, 이 방대한 분량의 학술 서적은 수학의 여러 측면과 우주관을 깊이 있게 다루고 있다. 또한 뉴턴은 중력에 대한 방정식을 다음과 같이 제시했다.

$$F = G\frac{m_1m_2}{r^2}$$

뉴턴이 수학계에 혁명을 일으킬 이론을 처음으로 정립하기 시작한 것은 1665년이었다. 그 이론은 변화에 대한 학문, 바로 미적분학이었다. 뉴턴은 낙하하는 물체와 특정한 순간에 행성 궤도가 변화하는 속도를 정확하게 계산하는 방법에 유독 관심이 많았다.

이를 위해 뉴턴은 속도의 변화를 유율 fluxion, 즉 현대 수학의 미분계수라는 개념으로 접근했다. 이것이 대수학에서 말하는 궤도 같은 특정한 지점에서 곡선이 기울어진 정도, 즉 '접선의 기울기'다. 유율이라는 개념이 있었기 때문에 뉴턴은 흐름의 양, 즉 곡선을 따라 흐르는 변화를 계산할 수 있었고, 이 개념을 바탕으로 어떤 함수의 특정한 지점에서 기울기를 구하는 함수인 도함수derivative를 유도할 수 있었다.

한편 미분은 곡선의 변화율을 의미하고 적분은 일정한 구간에서 곡선으로 둘러싸인 넓이로 해석할 수 있는데, 뉴턴은 이처럼 미분과 적분이 서로 역연산의 관계에 있다는 사실도 발견했다.

제한된 구간의 면적적분과 한 시스템의 변화율미분을 계산할 수 있는 미적분은 고급수학에서는 필수적인 분석도구다. 미적분은 실생활에 적용되기도 하는데 그 대표적인 사례가 신용카드 명세서다. 최소 금액 결제 시점을 정확하게 계산해서 명세서를 발행할 때 활용한다.

뉴턴과 라이프니츠는 오랫동안 미적분의 창시자가 누구인가 하는 논쟁에 휘말렸으나, 지금은 두 사람이 동시에 독자적인 방식으로 미적분을 발명한 것으로 여겨진다. 뉴턴은 미분으로 도함수를 구하는 데 주안점을 둔 반면, 라이프니츠는 적분으로 면적과 부피를 구하는 데 치중했다. 현재 적분에서 사용되는 적분기호($\int$), 미분에서 변화율을 나타내는 dy/dx는 당시 라이프니츠가 사용한 표기법이다.

미적분은 뉴턴이 홀로 이룩한 업적이 아니다. 그러나 뉴턴이 수많은 수학 문제를 해결할 수 있는 방법[7]을 제시하며 수학 발전에 기여했고 후대의 수학자들에게 실질적인 연구 방향을 일러준 것은 사실이다. 1676년 뉴턴은 다음과 같은 명언을 남겼다.

"내가 이 세상을 멀리 볼 수 있는 것은 기댈 수 있는 거인의 어깨가 있었기 때문이다."

7 이항정리, 원시함수를 추정하는 법, 멱급수, 3차함수의 분류 등.

아이작 뉴턴

Isaac Newton

(1642~1727)

모든 시대를 통틀어 가장 위대한 학자로 손꼽히는 아이작 뉴턴은 영국의 링컨셔에서 태어났다. 뉴턴의 많은 이론들은 전염병으로 인해 케임브리지대학교 폐쇄령이 떨어진 1665년부터 1666년까지 뉴턴이 고향집에 머물던 시기에 탄생했다. 이에 얽힌 일화에 의하면 뉴턴은 나무에서 떨어지는 사과에 머리를 맞고 섬광 같은 아이디어를 얻어 중력 이론을 발전시켰다고 한다.

뉴턴은 고향으로 돌아가기 전까지 논문 발표를 하지 않고 학문적 정체기에 있었다. 그러다 고향에 머무는 2년 동안 학문적으로 괄목할 만한 진전을 이루었다. 마침내 1671년 광학과 색채에 관한 이론을 발표했지만 학계의 반응이 신통치 않았기 때문에 뒤로 물러나 개인적으로 연금술을 연구했다. 이렇게 뉴턴은 외부의 비판에 상당히 민감했다. 역작 《프린키피아》도 여러 사람들의 회유에 못 이겨 발표한 것이다.

이외에도 뉴턴은 연금술, 고대사, 성서 연구 등 방대한 영역에 걸쳐 글을 남겼다. 뉴턴은 국회의원에 선출되어 영국왕립조폐국 개혁을 추진했으며, 1703년부터는 매년 왕립학회장으로 선출되었다. 그리고 1705년에 기사 작위를 받았다.

카를 프리드리히 가우스

대수학의 기본정리

가우스곡률Gaussian curvatures, 가우스분포Gauss distribution, 자장강도magnetic field strength의 단위인 가우스. 이것은 독일의 박식가 카를 프리드리히 가우스Carl Friedrich Gauss, 1777~1855가 수학과 과학 분야에 남긴 업적의 일부에 불과하다.

가우스는 손에 꼽을 수 없을 만큼 많은 업적을 남기며 '수학의 왕자'라는 별명을 얻었다. 뿐만 아니라 가우스는 20세가 되기도 전에 자와 컴퍼스만으로 정십칠각형을 작도할 수 있다는 사실을 증명해, 고대 그리스 기하학 이래로 최대의 학문적 성과를 이룩했다.

1799년 가우스는 '대수학의 기본정리'를 증명하며 또 하나의 위대한 학문적 업적을 남겼다. 대수학의 기본정리는 제목과 달리 현대 대수학의 기본 원리를 다룬 것이 아니라 초기 수학자들이 궁금증을 품은 수많은 문제 중 하나를 다룬 것이다. 가우스는 방정식을 대수곡선으로 표현하고, 각과 직선의 형태가 변해도 동일한 형태로 간주하는 기하학의 한 형태인 위상수학을 이용해 곡선을 분석했다. 뿐만 아니라 가우스는 곡선과 원의 관계를 외삽법extrapolation[8]으로 증명하는 법도 개발했다.

1801년에 가우스가 발표한 《산술 연구Disquisitiones Arithmeticae》는

8 외삽법 : 주어진 데이터의 경향을 보고 미래 또는 과거의 값을 추정할 때 사용하는 방법.

대수적 정수론, 즉 고급연산을 체계적으로 다룬 최초의 수학 교재였다. 《산술 연구》에서 가우스는 정수론에 관련된 글들을 취합해 정리하고, 중요한 문제들을 고유의 이론으로 발전시켰으며, 개념과 연구 영역을 결정론적 관점에서 분석했다. 합동기호(≡)를 도입한 것도 가우스가 일구어낸 수많은 업적 중 하나다. 가우스는 수학에서 정수론을 능가할 만한 분야가 없다는 의미에서 정수론을 "마법 같은 매력"을 지닌 분야라고 했다.

카를 프리드리히 가우스

Carl Friedrich Gauss

(1777~1855)

가우스는 독일 브라운슈바이크의 노동자 집안에서 태어났다. 가우스는 타고난 영재인 반면 어머니는 글을 읽을 줄 몰라서 아들의 생일도 기록하지 못했다. 가우스가 14세 되던 해, 어머니와 선생님은 학비를 지원받고자 가우스를 브라운슈바이크 공작에게 데려갔다. 다행히 공작은 가우스가 학업을 계속해 괴팅겐대학교에 진학할 수 있도록 후원을 해주었다.

1801년까지 가우스는 성찰을 동반한 강도 높은 경험론적 연구와 이론 해석 등, 기초수학과 과학적 접근 방식을 정립했다. 이 정도로 만족하지 않고 가우스는 일부 수학 분야를 제외하고 천문학에서 측량, 자기에 이르기까지 방대한 학문 분야를 섭렵해나갔다. 가우스의 유일한 취미는 한 학문 분야를 연구하다가 새로운 발견이나 발명을 하면 또 다른 분야에서 연구거리를 찾는 것이었다. 가우스는 진정으로 박식가였다.

이처럼 학문에서는 늘 변화를 꾀했지만 가우스는 사생활에서는 변화가 생기는 것을 좋아하지 않았다. 그런 탓에 대중의 인정을 받을 수 있는 강연여행을 다니지 않았다. 가우스의 이름으로 발표된 글만 178편이며 자신이 저자임을 밝히지 않은 논문, 메모, 연구기록도 많다.

앙리 푸앵카레

3체 문제와 카오스 이론

역사를 돌이켜 보면 태양계가 돌아가는 원리를 수학 방정식으로 입증하려다 실패한 학자들이 숱하게 많다. 위대한 지성이라고 손꼽히는 아이작 뉴턴도 그중 한 사람에 불과하다. 특히 2개 이상의 궤도체가 충돌하지 않고 운동하는 원리는 학자들 사이에서 오랫동안 풀리지 않는 숙제였다. 이것이 바로 지금은 'n체 문제'[9]라고 불리는 '3체 문제'다. 그런데 1887년 스웨덴의 오스카르 2세가 그 해법을 찾는 자에게 상금을 주겠다고 하면서 3체 문제의 비밀이 드디어 풀렸다.

프랑스의 광산기사이자 수학자인 앙리 푸앵카레 Jules Henri Poincaré, 1854~1912는 오스카르 2세가 현상금을 걸기 전부터 태양계의 안정성을 설명하는 복소미분방정식을 연구하고 있었다. 푸앵카레는 2개의 큰 궤도체와 이 두 궤도체의 중력에 영향을 끼치지 않고 두 궤도체보다 작은 나머지 1개의 궤도체를 관찰하면서 이 문제를 단순한 형태로 축소시켰다. 그래서 작은 궤도체의 궤도가 더 안정적이라는 사실을 증명했다. 그러나 더 큰 궤도체들부터 멀리 떨어져도 궤도에 흔들림이 생기지 않는 원인은 밝혀내지 못했다.

푸앵카레의 증명은 상금을 받아도 될 만큼 대단한 공로였으나

9 n체 문제 : 여기서 n은 2보다 큰 수다.

푸앵카레는 곧 자신의 증명에서 오류를 하나 찾아냈다. 궤도가 완전히 카오스의 상태일 가능성, 그러니까 가장 사소한 변화 때문에 더 크고 예측 불가능한 변화가 생길 수 있다는 사실이었다. 이렇게 해서 푸앵카레는 우연히 카오스이론Chaos Theory을 발견했다.

컴퓨터 연산 능력이 부족한 탓에 1960년대까지 카오스이론은 정체 상태에 머물러 있었다. 이후 컴퓨터의 눈부신 발전에 힘입어 작은 변화에서 나온 결과의 순열계산이 가능해졌다. 미국의 기상학자인 에드워드 로렌츠Edward Lorenz, 1917~2008는 기상변화 모델을 카오스이론에 접목시키면서 '나비효과'라는 신조어를 만들었다.

그러나 n체 문제의 비밀은 아직도 풀리지 않고 있다.

앙리 푸앵카레

앨런 튜링

인공지능

영국의 암호해독가 앨런 튜링Alan Turing, 1912~1954은 수리 논리의 매력에 빠져 있던 사람이었다. 튜링은 인간의 지능을 전자디지털 컴퓨터로 시뮬레이션이 가능한지 테스트하는 장치를 고안하고 이 테스트를 '모방게임imitation game'이라고 불렀다.

1950년 튜링은 〈계산 기계와 지능Computer Machinery and Intelligence〉이라는 논문에서 '튜링 테스트Turing Test'를 발표했다. 이 테스트에는 인간, 기계, 질문자, 이렇게 3명의 참여자가 필요하다. 일면식도 없는 세 참여자는 각각 다른 방에 있고 텔레프린터 통신으로만 소통할 수 있다. 튜링은 인간의 마음을 물리적인 장치로 모델링해서 인간의 반응과 컴퓨터의 반응을 구분할 수 있는지 확인하기 위한 일련의 테스트를 만들었다. 물론 튜링의 논문에는 기계가 인간의 지능을 대신할 수 없다는 주장을 반박하는 주장들도 제시되어 있다.

2014년 튜링 테스트에서 러시아의 컴퓨터 프로그램은 13세 소년이라고 대답하며 사람이 질문하는 내용의 30퍼센트 이상을 알아들어 테스트를 통과했다.

튜링의 기계지능에 관한 연구는 인공지능, 인간의 의식과 관련해 중대한 철학적 문제를 제기했다. 1950년 튜링은 이렇게 말했다. "나는 금세기 말, 누군가는 생각하는 기계와 대화할 수 있으리라고 믿는다." 아직은 공상과학 속에서나 등장할 법한 이야기지만 현실이 될 날도 머지않았다.

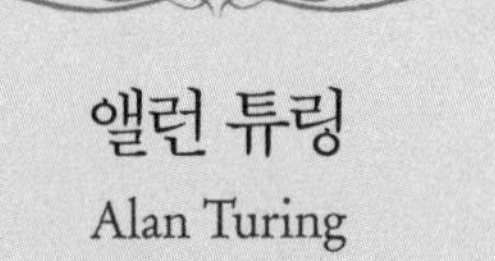

앨런 튜링

Alan Turing

(1912~1954)

런던에서 태어난 앨런 튜링은 1936년 정보가 입력되면 자동으로 기능을 수행하는 가상의 기계를 묘사하며 컴퓨터 발전에 기여한 핵심 인물 중 한 사람이다.

1938년 튜링은 영국 정부가 세운 암호학교에 입학했다. 이듬해 제2차 세계대전이 발발하자 블레츨리 파크에 있는 암호해독반에 배치되었다. 이 암호해독반의 임무는 독일군이 '에니그마Enigma'라고 하는 암호장치로 만든 암호를 해독하는 것이었다. 튜링은 전시에 '봄베Bombe'라는 암호장치를 발명해 독일군의 암호를 해독하며 진가를 발휘했다. 튜링의 암호 해독은 연합군의 승리에 결정적으로 기여했으며, 당시 튜링이 활용한 수준 높은 정보와 통계 이론은 암호 분석을 과학의 경지로 끌어올렸다.

1952년 튜링은 당시에는 불법이던 동성애로 인해 외설죄로 체포되고 고급비밀 취급 인가 권한까지 박탈당하고 만다. 괴로움에 시달리던 튜링은 1954년 끝내 청산가리를 주입한 사과를 먹고 자살했다.

앤드류 와일즈

페르마의 마지막 정리를 드디어 증명하다

영국의 수학자 앤드류 와일즈Andrew Wiles, 1953~가 페르마의 마지막 정리에 빠진 것은 10세 때였다. 소년 앤드류는 도서관에서 책을 읽다가 페르마의 마지막 정리가 326년 동안 풀리지 않은 문제라는 것을 알았으며, 그로부터 30년 후 증명에 성공했다.

1637년 피에르 드 페르마는 고대 그리스의 수학자 디오판토스가 펴낸《산술》의 사본에 수수께끼 같은 메모를 끼적거려놓았다.

"정말로 놀라운 증명법을 찾았으나 여백이 많지 않아 모두 적을 수 없다."

와일즈가 페르마의 마지막 정리를 완벽하게 증명할 수 있었던 데는 페르마 생존 당시에는 존재하지 않던 기술의 힘도 컸다. 이 점 때문에 실제로 페르마는 증명을 하지 못했는데 자신이 증명한 것이라고 착각했을 수도 있다고 생각하는 수학자들도 많다.

페르마의 마지막 정리는 아주 간단한 등식 $a^n + b^n = c^n$에서 n이 2보다 큰 경우 이를 만족시키는 정수해는 존재하지 않는다는 것이다. 다만 페르마는 n이 4일 때는 쉽게 증명할 수 있으므로 위의 경우에 해당되지 않는다는 메모를 남겼다. 19세기 중반까지 이 등식을 만족시키는 소수가 많다는 사실이 증명되었고 이후 컴퓨터 기술의 힘을 빌려 이 등식을 만족시키는 소수가 최대 400만 개에 달한다는 사실을 밝혀냈다. 그럼에도 모든 수에 대한 증명은 접근이 불가하다고 간주되었다. 불가능하거나 적어도 현재 인간의 지식 수준으로는 증명이 불가능하다고 여겨진 것이다.

20세기까지도 페르마의 마지막 정리를 증명하고 말겠다는 수학자들의 의지는 사그라들지 않았다. 1986년 페르마의 마지막 정리가 나중에 '모듈러성 정리modularity theorem'로 알려진 '타니야마-시무라-베이유 가설Taniyama-Shimura-Weil conjecture'과 연계가 가능하다는 사실이 밝혀졌다. 즉 4차원의 복소분석함수인 모듈 형태의 타원곡선 이론과 관계가 있다는 것이 입증된 것이다. 쉽게 말해 페르마 방정식을 비모듈성 타원곡선으로 나타내면 해가 존재하지 않는다. 그러니까 이 연관성이 참이라면 페르마의 마지막 정리를 만족시키는 해는 없다는 말이다. 모듈러성 정리와 페르마의 마지막 정리의 관계가 밝혀지면서 와일즈는 페르마의 마지막 정리에 다시 관심을 갖기 시작했다.

1994년 와일즈는 모듈러성 정리를 접목시켜 페르마의 마지막 정

앤드류 와일즈

리를 증명하는 데 성공했다. 그러나 처음 와일즈가 발표한 증명에는 약간의 오류가 있었다. 이 오류는 와일즈의 제자인 리처드 테일러Richard Taylor, 1962~가 연구에 합류하면서 해결되었고, 1995년 와일즈는 드디어 완벽한 증명을 발표했다. 그리고 2000년 와일즈는 영원한 수학계의 수수께끼를 해결한 공로로 기사 작위를 받았다.

팀 버너스리

월드와이드웹

컴퓨터는 파스칼계산기, 찰스 배비지Charls Babbage, 1791~1871의 차분기관difference engine[10], 에이다 러브레이스Ada Lovelace, 1815~1852의 알고리즘, 튜링기계 같은 계산 기계들이 발전해서 탄생한 것이다. 그런데 이 컴퓨터들이 네트워크로 연결되면 더욱 막강한 힘을 발휘할 수 있다. 이 아이디어를 현실화한 것이 1989년 영국의 컴퓨터공학자 팀 버너스리Tim Berners-Lee, 1955~가 발명한 '월드와이드웹world wide web'이다. 그리고 월드와이드웹 발명과 함께 컴퓨터 공유 기술이 한 단계 발전했다.

버너스리가 웹 구축 제안서를 가장 먼저 제출한 곳은 유럽입자물리연구소CERN였다. 원래 버너스리는 컴퓨터로 방대한 네트워크와 데

10 차분기관 : 1823년 영국의 수학자 찰스 배비지가 만든 기계식 계산기.

이터에 누구나 자유롭게 접근할 수 있는 글로벌 정보 공간을 만들 계획이었다. 당시 과학자들과 학자들이 사용하던 인터넷은 컴퓨터 대 컴퓨터 네트워크로만 연결되어 있었기 때문에 자료에 접근하는 것이 제한적이고 불편했다. 그런데 버너스리가 하이퍼텍스트 링크를 사용하면 컴퓨터 사용자가 다른 문서로 건너뛸 수 있다는 점에 착안해 인터넷을 통해 문서에 접근할 수 있는 웹을 개발한 것이다.

1990년 버너스리는 하이퍼텍스트 문서를 전송하는 컴퓨터 언어인 '하이퍼텍스트 전송 규약HTTP, HyperText Transfer Protocol' 기술을 개발하며 비전을 현실로 만들었다. 이외에도 버너스리는 하이퍼텍스트 페이지를 표현하기 위해 사용되는 언어인 '하이퍼텍스트 마크업 언어HTML, HyperText Markup Language'를 작성했으며, 사용자들이 이 페이지를 볼 수 있도록 클라이언트 프로그램, 즉 브라우저browser를 개발하며 최초의 웹 서버를 구축했다.

팀 버너스리

누구나 웹에 접근할 수 있기를 원한 버너스리는 월드와이드웹 특허 출원을 거부하고 모두에게 웹을 허용하자는 캠페인을 벌였다. 1994년 버너스리는 웹의 표준과 개발을 감독하는 기관인 국제웹표준화기관W3C을 설립했고, 2004년에는 기사 작위를 받으며 세계 유수의 대학과 기관에서 공로상을 수상했다.

통신과 정보 혁명의 주역은 불과 30년 정도의 역사밖에 갖고 있지 않은 버너스리의 발명품, 월드와이드웹이다. 그런데 휴대전화, 태블릿PC, 스마트폰 세대인 요즘 젊은이들은 전세계의 컴퓨터가 웹으로 연결되지 않은 시절이 있었다는 사실을 상상조차 하지 못한다.

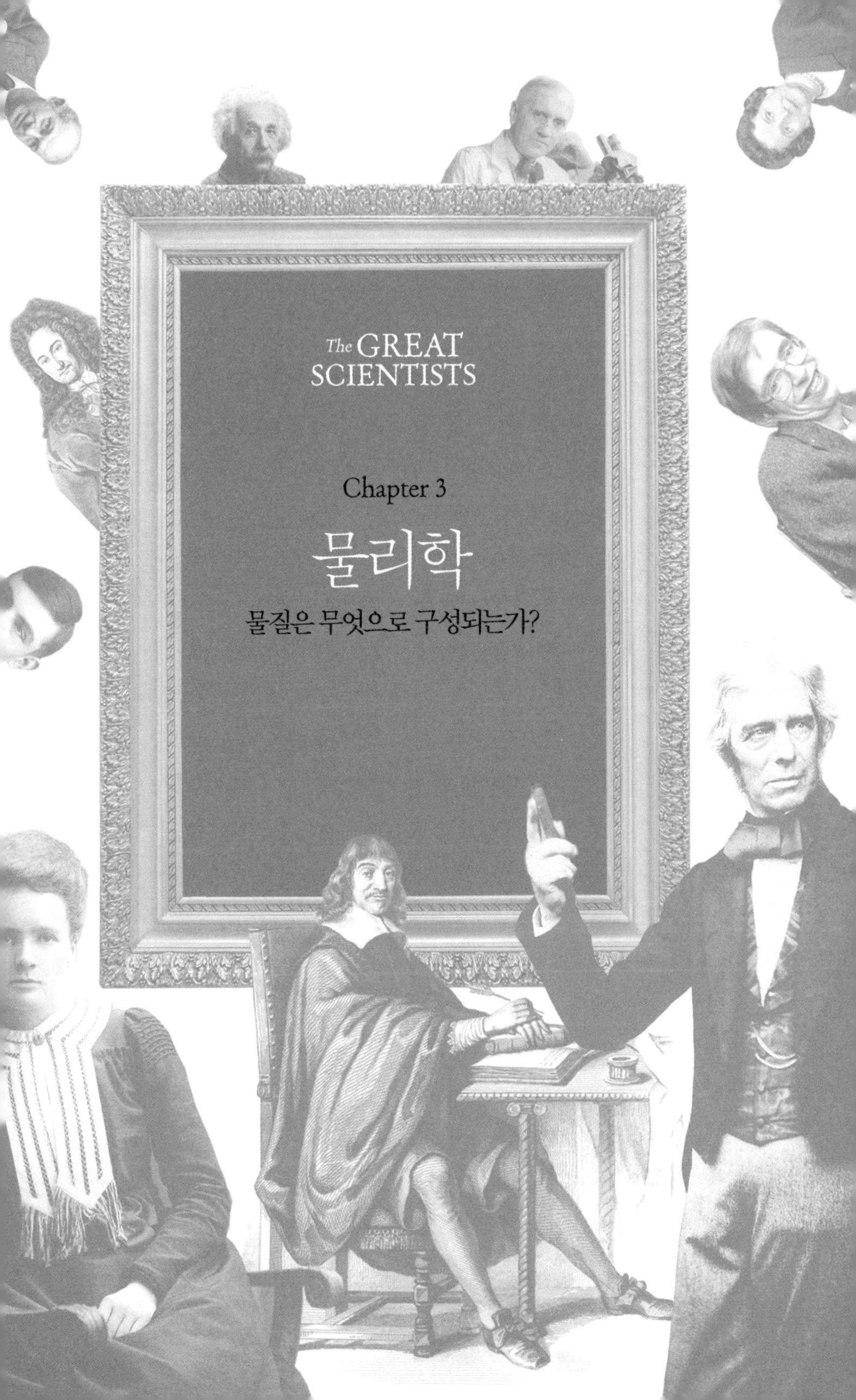

The GREAT SCIENTISTS

Chapter 3

물리학

물질은 무엇으로 구성되는가?

물리학physics이라는 단어는 '자연'을 의미하는 그리스어[1]에서 유래했다. 물리학은 말 그대로 자연 만물의 성질을 탐구하는 학문이기 때문이다. 물리학 법칙은 곧 자연의 법칙이며, 거대한 별에서 미소한 원자에 이르기까지 우주 만물에 동일하게 적용할 수 있는 공통의 법칙을 찾으려는 노력이 물리학의 역사다. 오늘날 물리학은 특히 물질과 에너지, 혹은 입자와 이것들에 영향을 끼치는 힘을 연구하는 학문을 일컫는다.

19세기 말엽까지만 하더라도 물리학적 세계는 고전역학뉴턴역학의 원칙만으로 충분히 설명이 가능했다. 일상의 물리학은 그랬다. 그러나 1900년경 뉴턴역학으로는 설명이 불가능한 완전히 새로운 연구 영역이 등장했다. 바로 상대성이론과 양자론이다.

이후 물리학은 두 영역으로 분리되었다. 과학에서는 새로운 이론이 제시되면 기존의 이론을 대체하는 것이 지극히 정상적인 일이다.

1 '자연'이라는 뜻의 그리스어는 physis이고 이것의 라틴어 번역이 natur다. 여기서 영어 nature가 나왔다.

그러나 현대물리학과 고전물리학은 신구가 교체되는 관계가 아니라 완전히 다른 영역이다. 고전물리학에서는 소리, 전기, 기계 등 우리가 체험할 수 있는 세계를 다룬다. 반면 양자역학, 입자물리학 혹은 상대성이론 같은 현대물리학에서는 자연의 극한 상태, 이를테면 원자의 가장 작은 입자, 광속, 초거대물질 등을 다룬다.

탈레스
아리스토텔레스

초기의 원자론과 입자론

물리학의 시초로 흔히 거론하는 사람은 고대 그리스의 철학자 탈레스Thales, 624경~546경다. 탈레스는 인류 최초로 미신과 믿음은 따로 떼어놓고 생각할 문제이며, 자연 현상은 관찰된 사실을 근거로 해석해야 한다고 주장한 사람이다. 안타깝게도 탈레스는 물을 너무 많이 관찰하는 바람에 세계의 모든 것은 다양한 형태의 물로 구성되어 있다는 잘못된 이론을 세우고 말았다.

이후 탈레스는 수 세기 동안 잊혀지고 그리스의 위대한 철학자이자 과학자인 아리스토텔레스의 사상이 서양을 지배했다. 아리스토텔레스는 지구상의 만물은

탈레스

흙, 공기, 불, 물의 4원소로 이루어져 있다고 믿었다.

아리스토텔레스의 4원소설이 기독교 철학에 채택되면서 중세 초기에는 아리스토텔레스의 우주관에 문제를 제기하는 행위는 부적절하다고 간주되었다. 이 같은 상황 때문에 실제로 르네상스가 일어나기 전까지 유럽의 과학은 번성하지 못했다. 한편 르네상스의 거장으로 꼽히는 인물은 천재 예술가이자 기술자요 발명가에 다재다능한 학자인 레오나르도 다 빈치Leonardo da Vinci, 1452~1519다.

아이작 뉴턴

뉴턴역학

아이작 뉴턴이 나무에서 떨어지는 사과를 맞고 중력을 발견했다는 일화는 지어낸 이야기다. 그러나 뉴턴이 정원을 거닐면서 사과가 직선으로 낙하하는 원인을 찾아내려 고민했다는 것은 사실이다. 1687년 뉴턴은 과학 사상 최고의 걸작으로 손꼽히는《프린키피아》를 발표했다. 이 책에서 뉴턴은 획기적인 중력 이론을 비롯해 고전역학의 토대인 운동법칙을 다루었다. 또한 뉴턴은 아직 미흡한 수준이기는 하나 미적분학의 공동창시자이고, 광학 발전의 돌파구를 마련했으며, 연구 · 실험 · 분석이라는 현대적인 과학적 방법론을 발전시키는 데 기여했다.

뉴턴의 세 가지 운동법칙은 힘과 질량의 상호작용이 어떻게 이루어져야 운동이 일어나는지 설명하는 원리다.

① 등속운동의 상태에 있는 모든 물체는 외부에서 힘이 가해지지 않는 한 운동 상태를 유지하려는 경향이 있다. 뉴턴의 운동 제1법칙은 '관성의 법칙'이라고도 하며, 진자와 낙하하는 물체의 원리를 연구한 이탈리아의 과학자 갈릴레오 갈릴레이가 이미 입증했다.

② 물체의 질량을 m, 가속도를 a, 힘을 F라고 할 때 질량과 가속도의 관계를 수식으로 나타내면 F=ma다. 이것이 바로 뉴턴의 운동 제2법칙이다. 이 간단한 방정식은 역학을 수치화한 것으로, 물체에 힘을 가하면 속도가 변하는 이유, 물체와 같은 힘을 가하면 물체가 거의 움직이지 않지만 물체의 질량이 적을수록 가속이 빨리 붙는 원리에 대한 설명이다.

③ 어떤 물체에 힘을 가할 때는 한 쌍의 힘이 나타난다. 이 두 힘을 작용과 반작용이라고 하는데, 두 힘의 크기는 같고 서로 반대방향으로 작용한다는 것이 뉴턴의 운동 제3법칙이다. 뉴턴은 이 원리를 설명하기 위해 여러 가지 운동을 예로 들었다. 이를테면 우리가 수영을 할 때, 얼음 위에서 차가 미끄러질 때 등이다.

뉴턴은 이 세 가지 운동법칙을 토대로 고전역학의 기초를 닦았으며, 이 법칙들은 아직까지도 고전물리학의 근간을 이루고 있다.

벤저민 프랭클린

번개를 제어하다

전지, 전하, 전도체, 심지어 전기기사 등은 우리가 일상생활에서 자주 사용하는 단어들이다. 혹시 여러분은 이 단어들의 대부분을 벤저민 프랭클린Benjamin Franklin, 1706~1790이 만들었다는 사실을 알고 있는가? 오랫동안 전기는 정적인 상태라고 알려져 있었다. 1740년대만 하더라도 호박이나 다른 물질을 통해 마찰 스파크를 일으킬 수 있는 전기 기계가 오락이나 대중 마술쇼에서 사용되었다.

어떻게 그런 생각을 했는지 모르지만 프랭클린은 실험 중 관찰한 전기 스파크가 번개와 관련이 있을 것이라고 생각했다. 또한 전기는 정적인 상태에만 머물지 않으며 선택된 경로를 따라 흐르는 유체 같은 특성을 지닌다고 보았다. 기발하게도 프랭클린은 전기의 존재를 확인하기 위해 번개가 칠 때 열쇠를 붙인 연을 날리는 실험을 했는데, 아마 이 실험으로 자신의 생각이 옳다는 확신을 갖게 된 듯하다. 실제로 프랭클린은 번개와 전기는 동일하다고 보았다. 그래서 건물의 한 면에 금속 전선으로 피뢰침을 묶은 뒤 피뢰침의 아랫부분은 지면에 묻고 금속 막대기가 부착된 윗부분은 삐죽 튀어나온 상태로 두었다.

프랭클린의 발명품을 나열하자면 끝도 없다. 프랭클린은 열효율이 뛰어난 스토브를 설계하고, 시력이 좋지 않은 자신을 위해 이중초점 안경을 발명한 것으로도 알려져 있다.

벤저민 프랭클린

Benjamin Franklin

(1706~1790)

벤저민 프랭클린은 매사추세츠 주가 영국의 식민지이던 시절 보스턴에서 태어났다. 프랭클린은 미국 독립선언문 작성에서 핵심 멤버로 활동했으며 영국과 종전 평화협정 체결시 서명을 한 인물이다. 그러나 협정 체결 후에도 프랭클린의 장남 윌리엄은 대영제국에 충성을 다했고 이로 인해 부자관계는 완전히 금이 가고 말았다.

프랭클린은 다방면에 뛰어난 재주와 화려한 경력을 가진 사람이었다. 프랭클린은 과학자나 발명가와는 전혀 관련이 없는 인쇄업자, 저널리스트, 식민지 체신장관 대리, 외교관, 정치인으로도 활발하게 활동했다. 독지가이기도 해서 여러 기관을 후원했으며, 프랭클린이 후원하던 펜실베이니아병원과 필라델피아유니온화재 같은 기관은 지금도 여전히 명맥을 유지하고 있다. 열정적인 노예제 폐지론자로도 유명한 프랭클린은 학문보다 공공서비스 분야에서 올린 업적이 훨씬 더 많은 것으로 알려져 있다.

알레산드로 볼타

개구리 다리와 볼타전지

1786년 이탈리아의 물리학자 루이지 갈바니Luigi Galvani, 1737~1798는 구리로 된 고리에 절단한 지 얼마 되지 않은 개구리 다리를 매달아놓았다. 그런데 개구리 다리가 철 막대기에 닿는 순간 움찔하다가 쪼그라드는 것이 아닌가. 실험실에는 전기를 발생시킬 수 있는 장치가 전혀 없었다. 그런데 마치 전기회로를 보고 있는 듯했다. 그래서 갈바니는 개구리 다리에서 전기가 방출되며 자신이 목격한 현상은 일종의 '동물전기'라고 믿었다. 그리고 이를 바탕으로 전기에너지가 동물의 신체에 저장되어 있다는 이론을 펼쳤다.

그런데 동료 학자인 이탈리아의 물리학자 알레산드로 볼타Alessandro Volta, 1745~1827는 갈바니의 이론을 미심쩍다고 여겼다. 그래서 직접 확인해보기 위해 갈바니가 한 동물전기 실험을 실시했다. 볼타는 금속 회로 사이에 자신의 혀를 대보고는 신경과 근육이 움찔거린다는 사실을 확인할 수 있었다. 실험을 하다 보니 볼타는 두 금속판 사이에 습기가 있는 물질을 두면 전류를 계속 생성시킬 수 있을 것이라는 데까지 생각이 미쳤고, 이 원리를 응용해 직접 전지를 만들어보기로 했다.

알레산드로 볼타

볼타는 원통 속에 아연판과 구리판을 교대로 쌓고 각 층을 종이나 가죽으로 분리시킨 다음 습기 있는 천을 대놓아 염용액salt solution이나 희석된 산이 흡수될 수 있도록 했다. 그리고 원통의 윗부분부터 바닥까지 도선으로 감았다. 이것이 볼타가 만든 최초의 전지인 '볼타전지'볼타의 열전기 더미였다. 그리고 볼타는 볼타전지가 전류를 생성한다는 사실을 입증하기 위해 다양한 물질에 대해 볼타전지를 테스트해보았다.

볼타가 열전기 더미로 한 실험은 이것이 전부다. 그런데 볼타의 열전기 더미가 전기를 확실하게 생성할 수 있는 방법이라는 사실이 학자들 사이에서 급속히 퍼져나갔다. 그리고 얼마 지나지 않아 열전기 더미의 화학반응으로 인해 전류가 생성된다는 사실이 밝혀졌다. 이후 영국의 화학자 험프리 데이비Humphry Davy, 1778~1829가 볼타전지의 원리를 이용해 다른 화학물질을 분리하는 전기분해에 성공했다.

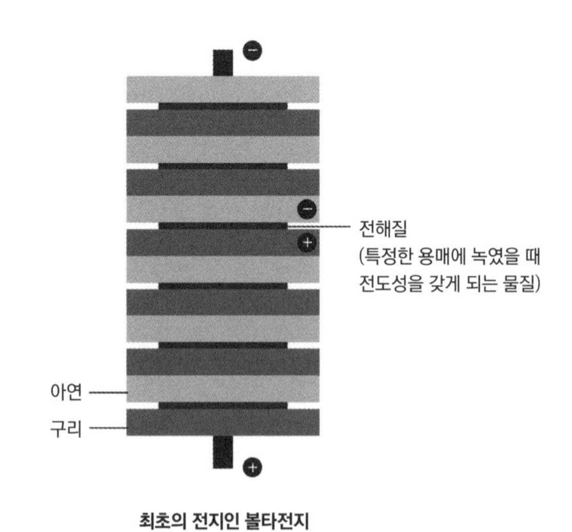

최초의 전지인 볼타전지

아메데오 아보가드로
조지프 존 톰슨

원자, 분자, 전자

1803년 영국의 화학자 존 돌턴John Dalton, 1766~1844은 모든 물질은 더 이상 쪼갤 수 없는 알맹이로 이루어져 있다고 하면서 이 알맹이를 '원자atom'라고 불렀다. 그 옛날 고대 그리스에서는 원소론이 있었으나 서양에서 아리스토텔레스적 세계관을 추구하면서 묻혀 있었다. 그러나 원자는 입자물리학 같은 신학문 분야에서 날로 그 중요성이 커지고 있다. 이제 물리학과 화학은 새로운 아이디어를 서로 교류하는 관계로 변한 것이다.

1811년 이탈리아의 수학자 아메데오 아보가드로Amedeo Avogadro, 1776~1856는 원자가 1개 이상 모인 그룹인 '분자molecule'라는 새로운 개념을 발표했다. "같은 온도와 압력하에서 모든 기체는 같은 부피 속에 같은 수의 분자를 가지고 있다"는 '아보가드로의 법칙'은 오랫동안 학계에서 인정을 받지 못했지만 아보가드로가 만든 분자라는 단어는 학계에 채택되었다.

한편 1899년 영국의 실험물리학자 조지프 존 톰슨Joseph John Thomson, 1856~1940이 처음으로 '미립자아원자'라는 개념을 발표했다. 전자기파처럼 진공 상태에서만 활성화되는 신비스런 광선인 음

아메데오 아보가드로

극선은 금속과 가스의 성질을 모두 갖고 있다. 톰슨은 바로 이 음극선을 이용해 전기 실험을 반복했다. 톰슨은 음극관이나 확산관을 통해 음극선을 관찰했는데, 음극선이 양으로 하전된 전기장 쪽으로 당겨지고 있었다. 다른 극성끼리는 서로 끌어당기는 힘이 있으므로 이는 곧 이 광선들이 음으로 하전되어 있다는 의미였다.

그런데 물리학자들은 빛에는 전하가 없기 때문에 광선은 미세한 입자로 구성되어 있을 것이라는 사실을 알고 있었다. 톰슨이 새로운 자기장 기술을 이용해 입자의 질량을 측정했더니 이 입자들은 수소보다 1,800배 정도 더 가벼웠다. 그러니까 광선은 가장 작은 입자, 즉 미립자로 구성되어 있었던 것이다. 톰슨은 이 입자들을 '전자electron'라고 불렀으며, 전기장이 음극관 내에서 원소로부터 전자들을 분리한다는 이론을 발표했다.

조지프 존 톰슨

카를 프리드리히 가우스

자기

카를 프리드리히 가우스는 타고난 천재 수학자이자 박식가로 알려져 있다. 여러분은 가우스가 발명도 했다는 사실을 알고 있는가? 가우스는 토지측량 감독으로 일하면서 회광기heliotrope[2]를 발명했고, 1832년 알렉산더 폰 훔볼트Alexander von Humboldt, 1769~1859의 지구 자기장 측정 작업을 돕던 중 자력계magnetometer를 발명했다.

덴마크 출신의 물리학자이자 화학자인 한스 크리스티안 외르스테드Hans Christian Ørsted, 1777~1851가 전기와 자기의 연관성을 밝힌 것은 그보다 불과 12년 전인 1820년의 일이었다. 어느 날 외르스테드가 볼타전지를 켰는데 주변에 있던 나침반의 자침이 자기를 띠는 현상이 일어났다. 전류의 방향에 따라 자기의 극성이 다르다는 사실은 프랑스의 물리학자 앙드레마리 앙페르André-Marie Ampère, 1775~1836가 이미 입증했는데, 외르스테드는 우연히 앙페르가 발견한 사실을 눈으로 직접 확인하게 된 것이다. 이들의 노력이 결실을 맺어 전기장을 통해 전기를 발생시키는 기술이 발전했다. 오늘날 우리가 사용하는 전기의 대부분은 다양한 형태의 전자기장을 통해 생성되고 있다.

가우스가 만든 자력계는 단순한 장치였다. 섬유소에 막대자석을 매단 것으로, 가우스는 이 장치를 이용해 특정한 장소에서 자기장

2 회광기 : 먼 거리의 삼각점을 관측할 때 햇빛을 평면거울에 받아서 관측점을 향해 반사하는 데 쓰는 기계.

의 강도와 방향을 측정했다. 이어 가우스는 동료이자 물리학자인 빌헬름 베버Wilhelm Weber, 1804~1891와 함께 최초의 전자기 전신을 발명했고, 1.5킬로미터 이상 되는 거리까지 메시지를 전송했다. 자기에 관한 연구를 상당히 중요시한 가우스는 자기에 관한 연구 결과를 몇 가지 수학 법칙으로 유도했으며, 세 편의 논문을 집필했다.

비전문가적 입장에서 내놓은 견해이긴 하나 가우스는 이미 지구의 자기력에 대한 실증적인 개념과 절대 측정법까지 제시했으며, 자기가 양극을 갖는 이유, 자기의 강도에서 성질에 이르기까지 자기에 관한 여러 정리를 증명했다.

마이클 패러데이

전자기 유도

1821년 제본공 견습생 출신의 과학자 마이클 패러데이Michael Faraday, 1791~1867가 최초의 전동기를 발명하자 세간의 이목이 온통 집중되었다. 그러나 스승이던 험프리 데이비는 이 소식을 듣고 분노에 휩싸였다. 이후 패러데이는 다른 연구 활동에 매진하다가 데이비가 세상을 떠난 후 전자기장 연구를 재개했다.

패러데이는 첫 번째 실험에서 전자기 회전 현상을 보여주고자 했다. 달랑달랑 매달려 있는 하전된 와이어가 단단히 고정된 막대자석 주변을 회전하는 현상과, 한쪽 끝만 고정되어 있는 막대자석이

고정되어 있는 하전된 와이어 주변을 회전하는 현상을 확인시켜준 것이다.

두 번째 실험에서 패러데이는 철 고리로 연결되어 있는 2개의 와이어 코일에 전류를 통과시키면 어떤 현상이 일어나는지 보여주었다. 두 번째 코일에는 나침반 위쪽에 와이어를 매달아놓았다. 예상대로 첫 번째 코일은 자기를 띠었다. 패러데이는 자기를 이용해 전기를 유도하는 원리인 전자기 유도 현상을 이미 발견한 상태였기 때문에 나침반 자침에서도 깜빡임 현상이 일어날 것이라고 짐작했다.

한편 패러데이는 다른 실험들을 통해서도 전자기 유도 현상을 증명했다. 전자기 유도란 자기장에 변화를 주어 전기를 발생시키는 것인데, 패러데이는 이 방법으로 생성될 수 있는 전기의 종류는 한 가지 유형밖에 없다는 사실을 밝혀냈다. 뿐만 아니라 패러데이는 "어떤 물질에 전류를 흘려보냄으로써 생성되는 화학작용은 흐르는 전류의 양에 항상 비례한다"는 '전기분해의 제1법칙'과 "어떤 물질의 전기화학당량전하은 일반적인 화학당량에 비례한다"는 '전기분해의 제2법칙'을 발견했다. 특히 전기분해의 제2법칙을 증명하기 위해 전기량계voltameter를 손수 제작했다.

당시 패러데이가 최초로 도입한 전극, 양극, 음극 같은 용어들은 지금도

마이클 패러데이

사용되고 있으며, 선구적인 업적이라는 평가를 받는다. 가난한 제본공에서 위대한 과학자로 거듭난 패러데이는 런던국립미술관에서 문의한 회화 보존법을 비롯해 과학 관련 모든 사안에 자문 활동을 하기도 했다.

제임스 클러크 맥스웰

전자기 복사

스코틀랜드 출신의 천재 제임스 클러크 맥스웰James Clerk Maxwell, 1831~1879은 위대한 과학자로 손꼽힌다. 맥스웰은 빛[3]에 관한 연구, 물리학과 물리화학에 통계학을 응용시키는 연구 등 방대한 영역에 관심을 가졌으며, 최초로 컬러 사진을 선보였다.

맥스웰이 전자기 연구를 하기 전 학자들은 전기와 자기를 서로에게 힘을 가하는 입자의 개념으로 이해했다. 그런데 맥스웰은 전기와 자기를 공간을 채우는 장, 즉 전자기장의 개념으로 이해했다. 그것이 '맥스웰 방정식'인데, 다음 네 가지가 그 내용이다.

제임스 클러크 맥스웰

3 빛이 전자기 복사 형태를 띤다는 맥스웰의 견해는 아인슈타인이 상대성이론을 정립하는 데 영향을 미쳤다.

① 같은 극성의 전하에는 서로 미는 척력이, 다른 극성의 전하에는 서로 잡아당기는 인력이 작용한다.[4]

② 자기 홑극은 존재하지 않는다. 즉 북극이 있으면 반드시 남극이 존재한다.

③ 전류로 자기장을 만들 수 있다.

④ 자기장에 변화를 주어 전류를 만들 수 있다.

맥스웰은 전자기장이라는 개념으로 전기와 자기를 하나로 통합함으로써 전기와 자기의 작용이 단일 전자기력single electromagnetic force의 특징적인 현상이라는 사실을 입증했다. 뿐만 아니라 맥스웰은 빛을 '전자기 법칙에 따른 전자기장을 통해 전파되는 파동의 형태를 띠는 전자기 교란 현상'이라고 보았다. 맥스웰은 힘을 완전히 새로운 방식으로 해석했다.

한편 맥스웰은 이와는 다른 전자기장의 교란, 즉 전자기 복사의 형태가 존재할 것이라고 예측했다. 물론 당시에 전파와 엑스선 같은 파장들은 이미 발견된 상태였다. 이후 물리학자, 화학자, 생물학자를 막론하고 모든 과학자들이 어떤 현상을 전자기 파장의 관점에서 논의하는 데 익숙해졌다.

당시 조사이어 윌러드 기브스Josiah Willard Gibbs, 1839~1903는 열역학적 화학 연구방식을 취했는데, 이를 완벽하게 이해한 학자는 몇 안 되었다. 그 몇 안 되는 학자 중 한 사람이 맥스웰이었다. 그러나 맥

4 이것은 '쿨롱의 법칙'이라고도 불린다.

스웰은 안타깝게도 자신의 천재성을 제대로 발휘해보지도 못하고 48세의 나이에 암으로 세상을 떠났다.

하인리히 헤르츠

전파

전파를 발견한 것은 실질적으로 세상에 변혁을 일으킨 획기적인 사건이었다. 전파를 처음 발견한 사람은 독일의 물리학자 하인리히 헤르츠Heinrich Hertz, 1857~1894였다. 안타깝게도 헤르츠는 새로운 세상을 보지 못한 채 베게너육아종증에 걸려 37세의 꽃다운 나이에 요절했다.

1880년대 중반에 헤르츠는 전자기파 탐지 실험을 시작했다. 이 실험을 위해 헤르츠는 테이블의 한쪽 표면에 유도 코일, 와이어 루프고리 모양으로 둥글린 철사, 스파크 간격이 있는 단순한 장치를 만들었다. 그리고 테이블의 다른 한쪽 표면에는 스파크 간격만 있는 회로를 준비해놓았다. 헤르츠는 첫 번째 스파크 간격에서 유도 코일을 통해 방전이 일어날 때 송신 회로의 간격에서 약한 스파크가 일어나는 현상을 관찰했고, 이로써 전자기파의 존재를 입증할 수 있었다.

헤르츠는 이 파장들에 관한 실험을 계속한 결과 이 파장들이 반사, 굴절, 회절될 수 있다는 사실을 입증했다. 나중에 알려졌지만 이 파장들의 정체는 전파였다.

하인리히 헤르츠

헤르츠가 만든 장비로는 약 18미터 거리의 전파만 탐지할 수 있었지만, 이 장비는 이후 무선통신 개발의 초석이 되었다. 1901년 굴리엘모 마르코니Guglielmo Marconi, 1874~1937는 헤르츠가 발명한 무선통신 원리를 응용해 대서양 너머까지 메시지를 전송하는 무선통신을 개발할 수 있었다.

빌헬름 뢴트겐

엑스선

1895년 독일의 물리학자 빌헬름 뢴트겐Wilhelm Röntgen, 1845~1923은 고진공 방전관에서 방출된 음극선전자빔의 특성을 연구하고 있었다. 실험하던 중 뢴트겐은 방전관에서 반응이 일어나고 있는 동안 작업대에 놓여 있던 감광성 스크린이 형광성 스크린으로 바뀌면서 빛을 방출한다는 사실을 발견했다. 그리고 뢴트겐이 방전관과 그림자가 생긴 스크린 사이에 놓은 물체의 흔적이 사진건판 위에 남아 있었다. 물체의 밀도가 높을수록 이미지는 더 어둡게 나타났다. 손을 사진건판 위에 올렸더니 뼈 부위의 이미지가 살 부위의 이미지보다 더 어두웠다.

뢴트겐은 혹시나 싶어 스크린을 옆방으로 옮겨보았다. 그런데 진공관에서 반응이 일어나는 동안에는 발광성 흐름이 계속해서 나타났다. 그래서 뢴트겐은 이 고성능의 물질을 관찰한 결과를 바탕으로 방사선은 음극선과 완전히 다르다는 결론을 내렸다. 그러나 그때까지 뢴트겐은 진공관에서 방출되는 광선이 전혀 새로운 광선이라는 사실만 알았을 뿐 정확한 특성은 파악하지 못했기 때문에 이 광선의 이름을 엑스선X-rays이라고 붙였다.

뢴트겐은 자신이 새로운 광선을 발견했다는 사실을 발표하기 전에 엑스선은 상태의 변화 없이 마분지를 통과하고, 금속으로 된 판을 직선으로 이동하며, 전기장이나 자기장 때문에 그 방향이 바뀌지 않는다는 사실을 검증하기 위해 몇 가지 실험을 더 했다. 검증을 마친 후 뢴트겐은 대단하고 놀라운 광선을 발견했다는 사실을 공식적으로 발표했고, 사람의 손에 엑스선을 투과시킨 사진을 직접 보여주며 이 새로운 광선을 소개했다.

뢴트겐이 엑스선의 존재를 발표한 지 몇 주 되지 않아 병원에서 앞다투어 엑스선을 사용하기 시작했다. 엑스선은 의학계에 변혁을 일으킨 것은 물론이고 결정학, 금속조직학, 원자물리학 등 다방면에서 널리 활용되었다. 물론 엑스선의 존재를 달갑게 여기지 않는 사람들

빌헬름 뢴트겐

도 있었다. 미국의 어느 논문에는 다음과 같은 시가 실렸다.

> 요즘 나는 그들이 나를 응시한다는 말을 들었네.
> 그들은 망토와 가운을 통과하고 심지어 그 상태로 머물러 있다네.
> 뢴트겐선이여, 외설스럽고 또 외설스럽도다!

뢴트겐은 엑스선을 모든 사람이 자유롭게 사용할 수 있어야 한다고 생각해 금전적인 이익을 거부했다.

막스 플랑크

양자론

19세기 말엽까지만 하더라도 물리학자들은 흑체blackbody에서 복사 스펙트럼이 방출되는 이유를 설명하지 못했다. 표준 전자기 이론과 일치하지 않는 부분이 있었기 때문이다. 흑체란 뿜어져나오는 모든 에너지를 흡수하는 물체 혹은 표면을 말하며, 흑색 안료인 램프블랙lampblack으로 둘러싸인 표면은 완전 흑체에 가깝고 별과 행성은 흑체와 유사한 메커니즘으로 생성된다.

이 문제를 두고 몇 년간 고민한 학자가 있었으니 다름 아닌 독일의 이론물리학자 막스 플랑크Max Planck, 1858~1947다. 플랑크는 흑체복사와 관련된 고전물리학 모델의 오류를 처음으로 발견한 사람이다. 이 비정상적인 스펙트럼의 존재는 일반적으로 통용되는 전자기 이론에서 주장하듯 에너지가 지속적인 흐름의 상태로 나타나지 않을 때만 설명이 가능했다. 그러니까 이때의 에너지는 개별적인 미세한 패킷, 즉 양자quantum의 형태로 나타나고 있었다. 여기서 처음 등장한 양자는 '양'이라는 의미를 지닌 라틴어가 어원으로, 양자 하나가 양자의 기본단위이자 더 이상 나눌 수 없는 최소 패킷이다.

막스 플랑크

1900년 플랑크가 흑체복사 이론을 발표하면서 탄생한 것이 양자론, 즉 양자물리학이다. 양자론은 현실의 원리를 강조하는 기존의 이론과는 관점이 완전히 달랐다. 양자론에는 어떤 실험을 관찰하는 행위가 그 결과에 영향을 미치는 관찰자적 관점의 우주, 아원자 입자가 파동의 형태로 행동하는 파동-입자 이중성과 광자빛의 입자 간의 상호소통 여부 등의 개념이 총망라되어 있다. 또한 양자론에서 주장하는 일부 아이디어는 터무니없는 소리처럼 들리지만 일상생활이 아닌 양자의 관점에서는 당연한 것이다.

플랑크는 자신의 이론을 입증하기 위해 진동하는 분자의 에너지(E)는 진동수(v)와 새로운 상수(h)의 곱, 즉 E=hv라는 방정식을 세웠고, 이 상수를 자신의 이름을 따서 '플랑크상수'라고 불렀다.[5]

5 E의 측정 단위는 J(줄), v의 측정 단위는 헤르츠, h의 측정 단위는 J.S(줄.초)다.

마리 퀴리

방사능

1896년 프랑스의 물리학자 앙리 베크렐Henri Becquerel, 1852~1908은 우라늄에서 방사선 파장이 방출되는 현상을 발견하고 최초로 우라늄의 이 '특이한 반응'을 보고했다. 이 파장은 물질을 투과하고 공기를 이온화시킬 수 있다는 점에서 엑스선과 유사했다.

그 무렵 마리 퀴리Marie Curie, 1867~1934는 연구 주제를 정하지 못해 갈팡질팡하고 있었다. 그러던 차에 우라늄에서 특이한 반응이 일어난다는 사실을 알게 되었고, 다른 물질에서도 이러한 반응이 일어나는지 본격적으로 연구해보기로 결심했다. 먼저 마리 퀴리는 남편 피에르 퀴리Pierre Curie, 1859~1906와 함께 우라늄 성분을 제거한 광석인 피치블렌드로 실험을 해보았다. 그랬더니 피치블렌드가 이상한 광선을 계속 방출했다. 우라늄 말고 다른 물질에서도 유사한 반응이 나타날 가능성이 있다는 사실을 깨달은 마리 퀴리는 이 물질을 '방사성 물질'이라고 불렀다.

한편 퀴리 부부는 폴로늄[6]과 라듐이라는 새로운 원소를 발견하는데, 이 두 원소에서도 특이한 반응을 관찰했다. 알고 보니 이 반응은 생물 조직에 영향을 미치는 화학적 특성이었다. 그러나 당시 퀴리 부부는 자신들이 발견한 방사성 물질로 인해 조직이 손상을 입

6 폴로늄 : 마리 퀴리의 모국인 폴란드를 따서 붙인 이름이다.

을 경우 인체에 치명적인 결과를 초래할 수 있다는 사실을 몰랐다.

퀴리 부부의 방사능 발견에 자극을 받고 많은 과학자들이 뒤늦게 원자와 원자 구조 연구에 뛰어들었다. 일부 불안정한 원소의 원자에서는 특이한 반응이 진행 중일 때 하전된 입자를 방출하면서 다양한 원소의 원자로 붕괴되는 현상이 나타났다. 1901년 어니스트 러더퍼드는 이 현상을 통해 방사능의 숨은 메커니즘을 밝혀내는 데 기여했다.

1915년 마리 퀴리는 의사들을 대상으로 라듐을 관절염, 흉터, 암 치료 목적으로 활용하는 훈련을 시작했다. 이어 치료용 방사성 물질을 연구해 의료용 엑스선을 개발했다. 그리고 제1차 세계대전 동안 마리 퀴리는 전장으로 이동식 방사선 촬영 장치를 갖고 다니면서 부상병들의 몸에서 파편을 찾는 작업을 지원했다. 군인들은 이 촬영 장치를 작은 퀴리라는 의미의 '쁘띠 퀴리'라고 불렀다.

마리 퀴리

Marie Curie

(1867~1934)

마리 퀴리는 폴란드가 러시아제국의 식민지이던 시절 바르샤바에서 태어났다. 1893년 마리 퀴리는 소르본느대학교를 수석으로 졸업하고, 1903년에는 방사능 연구로 남편 피에르 퀴리, 앙리 베크렐과 함께 노벨물리학상을 수상했다.
여성 최초의 노벨상 수상자인 마리 퀴리에게는 처음이라는 수식어가 자주 따라다녔다. 1909년 여성 최초로 소르본느대학교 교수로 임명되며 남편을 잃은 슬픔을 달랬다. 그리고 1911년 또 한 번 노벨상을 수상했다. 이번에는 라듐과 폴로늄을 발견한 공로를 인정받아 노벨화학상을 받았는데, 이는 한 사람이 다른 학문 분야에서 노벨상을 중복 수상한 첫 번째 사례였다.
마리 퀴리는 이처럼 다방면에서 많은 업적을 쌓았으나 여전히 학계는 보수적이었다. 남성 과학자들의 편견에 부딪쳐 프랑스과학아카데미의 정회원으로 선출되지도 못했다. 평생 연구에만 헌신한 마리 퀴리는 안타깝게도 백혈병으로 세상을 떠났다. 생전에 마리 퀴리가 사용한 공책에 여전히 방사성 물질이 남아 있는 것으로 보아, 방사성 물질에 과도하게 노출된 것이 병의 원인인 것으로 추정된다.

알베르트 아인슈타인

상대적으로 기적적인 해

1905년은 아인슈타인에게는 기적의 해였다. 아인슈타인은 그 해에만 총 네 편의 논문을 발표했고, 네 편 모두 우주를 이해하는 데 중대한 공헌을 했다.

아인슈타인의 첫 번째 공헌은 빛의 양자 이론을 정립한 것이다. 막스 플랑크는 아인슈타인에 앞서 에너지는 양자라는 미세단위로 방출된다는 이론을 내놓았지만, 빛이 양자로 구성되어 있다는 사실을 이론화한 학자는 다름 아닌 아인슈타인이었다. 지금은 빛을 구성하는 단위인 이 입자를 광자photon라고 한다.

한편 미소 입자들이 임의로 운동하는 것처럼 보이는 현상을 '브라운 운동'이라고 한다. 아인슈타인은 영국의 물리학자 마리안 스몰루호프스키Marian Smoluchowski, 1872~1917와는 별도로 브라운 운동의 메커니즘을 규명했다. 이것이 아인슈타인의 두 번째 공헌이다.

마지막으로 아인슈타인의 세 번째 공헌은 특수상대성이론이다. 아인슈타인은 1905년 특수상대성이론에 이어 1916년 일반상대성이론을 발표했다. 그런데 아인슈타인의 특수상대성이론은 고전물리학의 절대적인 시공간 개념을 뒤집는 것이기 때문에 뉴턴의 중력장 이론에 도전장을 던지는 것이나 다름없는 대사건이었다. 아인슈타인은 시간과 공간은 관찰자에 따라 상대적이라고 했다. 그러니까 관찰자마다 시간과 공간을 다르게 인식할 수 있다는 말이다. 예를 들어 제트기를 타고 이동하는 원자시계는 정지 상태에 있는 지상의 시계보다 시곗바늘이 천천히 움직이는 듯이 느껴지는데, 아인슈타인은 그 이유를 운동 상태가 다르기 때문이라고 보았다.

1905년 아인슈타인은 네 번째 논문에서 에너지와 질량은 등가관계라는 이론을 제시했다. 여기에서 물체의 에너지(E)는 질량(m)과 빛의 속도를 제곱한 값(c^2)의 곱으로 나타낼 수 있다. 이것이 바로 그 유명한 아인슈타인의 방정식 $E = mc^2$으로, 이때의 광속은 너무 빨라서 소량의 질량만 변화시켜도 엄청난 에너지를 방출할 수 있다.

아인슈타인은 이처럼 질량과 속도를 지나치게 강조하는 뉴턴의 물리학 체계를 전복시키며 전혀 새로운 물리관을 제시했고, 이것이 이후 과학에 미친 영향은 이루 헤아릴 수 없이 크다.

알베르트 아인슈타인

Albert Einstein

(1879~1955)

원래 독일계 유대인인 아인슈타인은 학창시절을 스위스에서 보내고 그곳에서 자리를 잡았다. 1901년 스위스 시민권을 취득한 뒤 스위스 특허청에 사무직으로 취직했다. 아인슈타인의 담당 업무는 머리를 쓸 필요가 없는 단순한 일이었기 때문에 시간여유가 많아서 과학 이론을 연구하고 박사 과정에 들어갈 수 있었다. 그러다 독일의 과학학술연구소에서 고위직을 제의했고 아인슈타인은 이 제의를 수락했다.

그러나 독일에서 나치가 반유대 분위기를 조장하면서 아인슈타인은 해외로 강연여행을 다닐 수밖에 없게 되었다. 나치의 탄압을 견디다 못해 결국 1932년 영원히 조국 독일 땅을 떠나 미국으로 망명했고, 1940년에는 미국 시민권을 취득했다. 1952년에는 이스라엘 정부에서 아인슈타인에게 대통령직을 제의했으나 고사했다. 그리고 평화주의자인 아인슈타인은 마지막 순간까지 전세계 지도자들에게 평화적인 수단으로 분쟁을 해결할 것을 촉구했다.

자가디시 찬드라 보스

마이크로파와 식물생리학

선구적인 인도의 발명가 자가디시 찬드라 보스Jagadish Chandra Bose, 1858~1937는 여러 면에서 시대를 앞선 사람이었다. 찬드라 보스가 발표한 아이디어와 일부 발견들이 1937년 세상을 떠난 후에야 학계의 인정을 받았다는 사실만으로도 충분히 알 수 있다.

찬드라 보스는 밀리미터 단위의 초단 마이크로파가 존재한다는 사실을 처음 발견했고 이 파장을 '밀리미터 파장millimetre wave'이라고 불렀다. 또한 찬드라 보스는 밀리미터 파장 실험을 하다가 우연히 개량 무선검파기radiodetector와 마이크로 파장 부품을 개발할 정도로 창의적이었다. 개량 무선검파기와 마이크로 파장 부품은 요즘에는 흔히 사용되는 장치들이기 때문에 대단해 보이지 않을지도 모른다. 그러나 이 장치를 개발했다는 것은 찬드라 보스가 무선 단파에 광학과 유사한 특성이 있다는 사실을 이미 발견했다는 의미다. 그런데 학자들은 이 사실을 50년이 지난 후에야 깨달았으니 이제 여러분은 찬드라 보스가 얼마나 뛰어난 인물인지 알 수 있을 것이다.

그러나 찬드라 보스의 이론이 무시만 당한 것은 아니다. 찬드라 보스의 식물생리학에 관한 이론은 당시에도 활발한 논쟁의 대상이었다. 찬드라 보스는 식물의 생장을 비롯해 빛, 접촉, 온도 같은 외부 자극에 대한 반응과, 고의적으로 절단하거나 유해한 화학물질 같은 불쾌한 자극을 주고 그 반응을 측정할 수 있는 고감도 장치를 직접 제작했다.

여기에 그치지 않고 찬드라 보스는 소음이 식물의 생장 속도에 영향을 끼칠 수 있다는 사실을 실험으로 입증해 보였다. 찬드라 보스의 실험에 의하면 귀에 거슬리는 불협화음에 노출된 식물보다 유쾌하고 심신을 안정시키는 음악에 노출된 식물이 더 빠르고 튼튼하게 성장했다.

그런데 당시 사람들은 식물이 동물과 같은 방식으로 자극에 반응한다는 찬드라 보스의 주장을 엉뚱하다고 여겼기 때문에 찬드라 보스의 주장을 학문적으로 인정하려 하지 않았다. 학자들은 대부분 식물의 반응이 인간의 무릎반사 반응 정도로 단순할 것이라고 평가했지만, 단식물의 신경계가 자극에 반응한다는 사실은 백퍼센트 인정했다. 그러나 식물에도 의식이 있다고 믿는 학자는 지금도 많지 않다.

자가디시 찬드라 보스

Jagadish Chandra Bose

(1858~1937)

동벵골 현재 방글라데시에서 태어난 자가디시 찬드라 보스는 지방의 마을 학교를 다니다가 영국에서 학위를 받기 위해 콜카타로 이주했다. 영국에서 학위를 마치고 인도로 돌아온 찬드라 보스는 인도인 최초로 콜카타 프레지던시대학교의 교수로 임용되었다. 그러나 찬드라 보스의 강의료는 같은 일을 하는 유럽 출신 교수보다 적었다. 이에 찬드라 보스는 대학측에 항의의 표시로 강의료를 받지 않겠다고 선포했다. 대학측에서는 결국 찬드라 보스의 우수한 연구 성과를 인정해 강의료 인상은 물론이고 미지급 강의료까지 지불하는 데 동의했다.

한편 찬드라 보스는 인도에 전문적이고 현대적인 과학기지를 구축해야 한다고 강력히 주장했으며, 카스트제도나 이슬람교도와 힌두교도의 종교갈등에 반대했다.

찬드라 보스는 자신의 발견물에 대해 특허출원을 하지 않았다. 온 인류에게 유익한 지식이 참된 지식이라는 신념 때문이었다. 그리고 1917년, 과학 발전에 기여한 공로를 인정받아 기사 작위를 받았다.

어니스트 러더퍼드 닐스 보어

핵물리학의 탄생

1904년 조지프 존 톰슨은 원자의 '자두푸딩 모델'을 발표했다. 자두푸딩 모델에서는 아주 가볍고 음으로 하전된 전자는 양으로 하전된 물체 덩어리 속에서 균일한 분포로 퍼져 있기 때문에 결국 원자는 중성을 띤다고 본다.

한편 영국의 물리학자 어니스트 러더퍼드Ernest Rutherford, 1871~1937는 자두푸딩 모델을 검증하기 위해 얇은 금박에 헬륨과 유사하며 일반적으로 큰 원자가 붕괴될 때 방출되는, 양으로 하전된 알파 입자를 쏘았다. 이론대로라면 금속 원자는 평형 상태에 있을 때 입자를 끌어당기지도 밀어내지도 않고 감지기 스크린을 직선으로 통과해야 했다. 그런데 예상하지 못한 일이 벌어졌다. 알파 입자가 얇은 금박의 반대방향으로 튀어나온 것이다.

이 연구 결과를 토대로 1911년 러더퍼드는 새로운 원자 모형을 발표했다. 원자의 내부는 거의 텅 비어 있고 중심부에는 아주 작지만 밀도가 높은 양전하의 핵이 있으며 마치 행성이 궤도를 돌듯 전자가 핵 주변을 돌고 있는 모형이었다.

그런데 러더퍼드의 원자 모형도 오래가지 못했다. 발표된 지 불과 2년 만에 닐스 보어Niels Bohr, 1885~1962의 원자 모형으로 대체된 것이다. 보어는 원자 모형에 양자물리학에서 새로 제시한 원리를 적용했다. 전자는 특정한 에너지 준위 혹은 원자핵 주변에 존재하며, 전자가 지니고 있는 에너지에 영향을 주는 오비탈orbital[7]을 가질 수 있다는 것이 보어의 생각이었다. 보어는 운동하는 전자의 원심력, 그리고 전자의 운동과 전자와 핵 사이에 있는 전자기가 당기는 힘의 관계를 통해 이 준위를 계산할 수 있다고 보았고, 스펙트럼 분석을 이용해 준위를 확인했다.

얼마 지나지 않아 실제로 핵이 양성자와 중성자라는 두 입자로 구성되어 있다는 사실이 밝혀졌다. 1964년에는 양성자와 중성자는 더 작은 입자인 쿼크quark로 또다시 나뉜다는 사실이 확인되었다. 그리고 쿼크는 위 쿼크, 아래 쿼크, 야릇한 쿼크, 맵시 쿼크, 바닥 쿼크, 꼭대기 쿼크, 이렇게 총 여섯 가지로 분류된다. 그러나 양자물리학자들 사이에서도 이 분류에 대해 의견이 일치하지는 않는 것으로 알려져 있다.

어니스트 러더퍼드

7 오비탈 : 원자핵 주위에서 전자가 발견될 확률을 나타내거나 전자가 어떤 공간을 차지하는지 보여주는 함수.

닐스 보어

Niels Bohr

(1885~1962)

학창시절 닐스 보어가 가장 좋아한 과목은 물리교육학이었다. 그래서 보어는 고국 덴마크의 대표로 축구 경기를 할 때 말고는 수업을 빼먹는 일이 없었다.

1912년 보어는 영국으로 건너가 어니스트 러더퍼드 밑에서 연구활동을 시작했다. 그리고 1921년 원자구조론을 발표하면서 코펜하겐대학교에 신설된 이론물리학연구소 소장으로 취임했다.

그러나 제2차 세계대전 당시 독일이 덴마크를 점령하면서 가족 중에 유대계 혈통이 있는 보어는 나치의 박해를 피해 고국을 떠나야 했다. 하는 수 없이 보어는 1943년 덴마크 유대인이 대부분인 덴마크 레지스탕스의 대규모 피난행렬에 섞여 스웨덴으로 들어갔다.

당시 연합군 소속 과학자들은 상당수가 원자폭탄 개발을 목적으로 하는 '맨해튼 프로젝트'에 참여하고 있었는데, 보어는 이들에게 절대적으로 필요한 존재였다. 그래서 보어는 긴급 개조한 전투기의 폭탄 투하실에 몰래 숨어 들어가 영국으로 건너갔다. 이때 산소마스크를 착용하지 않아 하마터면 죽을 뻔하다가 가까스로 목숨을 건졌다.

한 가족에서 노벨상 수상자가 여럿 배출되는 것은 결코 쉬운 일이 아니다. 그런데 보어의 아들 오게 닐스 보어Aage Niels Bohr, 1922~2009도 아버지의 뒤를 이어 1975년 노벨물리학상을 수상했다.

사티엔드라 나드 보스

보스-아인슈타인 통계

1924년 무명의 인도 출신 강사 사티엔드라 나드 보스Satyendra Nath Bose, 1894~1974는 〈플랑크의 법칙과 빛의 양자 가설Planck's Law and the Hypothesis of Light Quanta〉이라는 제목의 논문을 과학 저널에 투고했으나 게재를 거절당했다. 그러나 보스는 좌절하지 않고 알베르트 아인슈타인에게 직접 편지를 보내 자신의 논문이 실릴 수 있도록 도와달라고 했다. 아인슈타인의 도움으로 보스의 논문은 바로 권위 있는 학술지에 실렸고, 발표가 되자마자 보스는 세계적인 스타 과학자 자리에 올랐다.

이 논문에서 보스는 통계적인 접근 방식으로 아원자 입자를 측정하는 새로운 방법을 제시했고, 막스 플랑크의 흑체복사 에너지 방정식을 또 다른 방식으로 유도하며 자신의 이론을 입증했다. 플랑크는 고전물리학을 이용해 이 방정식을 유도했으나 보스는 이 방법을 피했다. 대신 보스는 양자 혹은 빛으로 된 작은 에너지 덩어리가 입자광자와 파동의 성질을 모두 지니고 있다는 아인슈타인의 접근법을 따랐다. 광자의 무리는 오래된 가스 무리를 구성하고 있는 입자와 유사하다. 그러니까 보스는 흑체복사 에너지가 이처럼 다양한 상태에 있다고 가정한 것이다. 그래서 보스는 각 입자들을 통계적으로는 개별적인 존재로 다루지 않고 확정된 공간 내에 있는 입자들의 무리로 다루었으며, 이 공간을 '셀cell'이라고 불렀다.

나중에 '보스-아인슈타인 통계'로 알려진 이 접근 방식이 차츰 자리를 잡아가면서 양자통계학이라는 새로운 학문 분야를 탄생시키는 데 결정적인 기여를 했다. 보스의 이론은 한 원자 내에서 동시에 같은 양자 혹은 에너지 상태에서 존재하는 아원자 입자에 적용될 수 있기 때문에 그룹의 상태로도 적용될 수 있었다. 보스의 독창적인 업적을 기리기 위해 이러한 타입의 입자를 보스의 이름을 따서 보스입자boson라고 하며, 광자도 이것의 한 종류다. 한편 동일한 상태를 공유할 수 없는 입자를 페르미온fermion이라고 하는데, 페르미온의 행동은 보스입자와는 다른 통계적인 특성을 지닌다.

사티엔드라 나드 보스

베르너 하이젠베르크

행렬역학과 불확정성 원리

독일의 이론물리학자 베르너 하이젠베르크Werner Heisenberg, 1901~1976는 1927년 '불확정성 원리'를 발표했다. 하이젠베르크의 불확정성 원리에 의하면 입자의 위치와 운동량을 결정할 수는 있으나, 그것을 정확하게 결정할 수는 없다. 따라서 입자의 향후 이동경로나 위치도 정확하게 예측할 수 없다. 그러나 원자나 원자의 일부 같은 아주 작은 입자를 다룬다는 점에서는 기존의 양자물리학 이론과 똑같다.

하이젠베르크의 불확정성 원리는 특히 비인과론적, 즉 비결정론적 세계관을 바탕으로 하는 이론을 정립하는 데 기여했다. 이러한 관점에서 과학은 아원자의 수준에서 정확한 수치가 아닌 확률만을 제시할 수 있다. 신물리학적 관점에서는 과학자가 관찰 혹은 측정하는 시점에서만 어떤 행위가 결정될 수 있으며, 이에 따라 어떤 행위가 일어날 확률이 결정된다고 본다. 이 부분은 결정론적인 세계관이 바탕에 깔려 있는 뉴턴의 고전물리학과 가장 큰 차이점이다.

불확정성 원리에 대해서 일부 학자들은 거센 반론을 제기했으나 1927년 불확정성 원리는 코펜하겐 해석Copenhagen Interpretation[8]에서

8 코펜하겐 해석 : 덴마크의 수도 코펜하겐에서 닐스 보어와 하이젠베르크를 중심으로 양자역학의 표준적인 해석을 체계화한 것.

양자물리학의 패러다임 중 하나로 채택되었다.

원래 하이젠베르크는 불확정성 원리를 발표하기 전에 어느 정도 이름이 알려진 학자였다. 하이젠베르크는 양자물리학을 최초로 수학 공식으로 만든 행렬역학의 창시자로, 한 원자 내에서 입자의 운동으로 인해 방출되는 스펙트럼선이나 빛의 주파수를 수학적 계산으로 입증하려고 애썼다. 하이젠베르크는 자신이 유도한 공식으로 입자의 운동량과 위치에 대한 출발이나 종착 에너지 준위 계수를 행렬로 나타냈다. 여기에서 하이젠베르크는 수를 직사각형 모형으로 배열하는 표준행렬 방식을 사용했다.

베르너 하이젠베르크

Werner Heisenberg

(1901~1976)

위대한 과학자들 중에는 수학과 이론물리학에 특출한 재능을 가진 인물들이 많다. 학창시절의 하이젠베르크도 그런 부류에 속했다. 이런 하이젠베르크도 응용물리학 분야에는 유독 취약해서 배터리가 작동되는 원리를 설명하지 못해 박사학위를 못 받을 뻔했다고 한다.

양자물리학은 당시 나치가 인정하던 아리안의 정통 과학이 아니라 유대인의 과학이었다. 이런 까닭에 하이젠베르크는 아리안 혈통이었음에도 불구하고 양자물리학에 관한 논문을 썼다는 이유로 나치에게 찍혔다. 나치는 하이젠베르크가 뮌헨대학교 교수직에 임용되는 것을 막았고, 제2차 세계대전 기간에는 나치의 원자폭탄 개발 프로젝트에 강제로 투입시켰다. 반면 연합군은 하이젠베르크가 원자폭탄을 제조할까 우려했기 때문에 하이젠베르크를 연합군의 저격 대상 리스트에 올려두었다.

다행히 하이젠베르크는 원자폭탄 제조가 불가능하다고 발표했다. 하지만 하이젠베르크가 나치에게 고의로 잘못된 실험 결과를 넘긴 것인지 자세한 내막은 아직 밝혀지지 않았다. 하이젠베르크는 원자폭탄의 위험성을 그 누구보다도 잘 알고 있었기 때문에 종전 후 원자력에너지의 평화적인 사용에 앞장섰으며, 범유럽 차원의 핵연구협회인 유럽입자물리연구소의 창립 멤버로 활동했다.

에르빈 슈뢰딩거

파동역학, 슈뢰딩거의 고양이

1925년 프랑스의 물리학자 루이 드 브로이Louis de Broglie, 1892~1987는 모든 아원자 입자는 파동의 특성을 가지고 있을지 모른다는 이론을 발표했다. 그로부터 몇 주 후 오스트리아의 물리학자 에르빈 슈뢰딩거Erwin Schrödinger, 1887~1961는 파동역학 이론을 통해 이처럼 독특한 입자의 행동을 수학적으로 기술했다.

슈뢰딩거는 입자를 각각 독특한 파동함수를 갖는 3차원 파동으로 보았다. 그리고 모든 함수를 '슈뢰딩거 방정식'이라는 기초 미분방정식으로 나타냈다. 슈뢰딩거는 자신이 유도한 미분방정식이 하이젠베르크의 양자역학에 대수적으로 접근한 것이라고 항상 주장했는데, 이 주장은 나중에 참이었음이 증명되었다.

한편 슈뢰딩거는 하이젠베르크가 주창한 양자의 불확정성 원리를 설명하고 이 원리가 독특한 양자역학과 얼마나 잘 맞는지 보여주기 위해 사고실험을 했다. 이 사고실험이 그 유명한 '슈뢰딩거의 고양이'다. 고양이 한 마리가 봉인된 상자 안에 들어 있는데, 이 상자 안에는 소량의 방사성 물질이 있고 1시간 후에는 방사성 원소가 붕괴해 원자를 방출할 수 있다. 만일 방사성 물질이 붕괴된다면 고양이를 죽이는 장치의 방아쇠가 당겨지는 양자 사건이 일어날 것이다. 그러나 우리가 상자를 열어보기 전까지는 고양이가 살아 있는지 죽어 있는지 알 수 없다. 슈뢰딩거는 상자를 열기 전까지 고양이가 살아 있는 세상과 죽어 있는 세상, 이 2개의 세상이 동시에 존재하고, 상자를 열고 난 후에는 방사성 원소가 붕괴해 실질적인 존재의 상태가 파동함수에 드러난다고 했다.

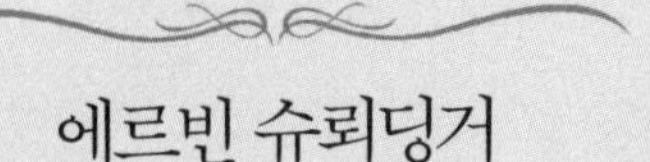

에르빈 슈뢰딩거

Erwin Schrödinger

(1887~1961)

에르빈 슈뢰딩거는 비엔나에서 태어났지만 어머니가 영국인이었기 때문에 영어와 독일어를 동시에 사용하는 이중언어자였다. 원래 슈뢰딩거는 실험물리학 교수였으나 39세라는 늦은 나이에 이론물리학으로 방향을 전환하며 파동역학 이론에 관한 논문을 발표했다. 이후 슈뢰딩거는 실험물리학이 자신의 이론물리학 이론을 전개하는 데 탄탄한 배경이 되었다고 고백했다.

슈뢰딩거는 양자물리학의 탄생에 기여했으나 정작 본인은 신물리학의 확률론적 특성을 못마땅하게 여겼다. 그래서 1926년 이후에는 생물학과 여전히 수수께끼로 남아 있는 통일장 이론 연구에 매진했고, 일부 양자물리학자들처럼 동양의 철학에 관심을 보였다.

한편 슈뢰딩거는 여성편력으로도 유명하다. 슈뢰딩거와 아내 모두 배우자 외의 이성과 자유롭게 교제하는 개방혼 관계였다. 슈뢰딩거는 전세계 연구소에서 온갖 염문을 뿌리고 다녔으며 아내 외에 다른 여자와 사이에서 낳은 자녀도 있었다.

레오 실라르드
엔리코 페르미

원자폭탄

1939년 헝가리계 유대인 레오 실라르드Leo Szilard, 1898~1964는 알베르트 아인슈타인에게 편지를 보냈다. 미국이 서둘러 원자폭탄 개발 작업에 착수할 수 있도록 프랭클린 루스벨트 미국 대통령을 설득해달라는 내용이었다. 나치 치하에서 살아본 실라르드는 누구보다 나치의 잔혹함을 잘 알고 있었기에 나치가 연합국보다 먼저 원자폭탄을 제조해 악용하는 것을 가만히 앉아서 보고만 있을 수는 없었다. 이런 실라르드의 노력이 결실을 맺어 미국, 영국, 캐나다는 비밀리에 핵무기 공동개발을 결의하고 '맨해튼 프로젝트'에 착수했다.

다행히 제2차 세계대전 당시 연합국에는 맨해튼 프로젝트에 즉시 투입해도 될 만한 실력을 갖춘 물리학자들이 많았다. 그중에는 뉴멕시코실험실 소장 로버트 오펜하이머Robert Oppenheimer, 1904~1967와 팀의 막내이자 비범한 과학 커뮤니케이터 리처드 파인만Richard Feynman, 1918~1988이 있었다.

레오 실라르드

1930년대 중반 실라르드

는 어떻게 하면 원자력을 지속적으로 사용할 수 있을지 고민하고 있었다. 그러다가 특정한 유형의 원자핵에서 각각 에너지를 방출시키고 스스로 연쇄붕괴 반응을 일으킬 수 있도록 중성자 입자를 붕괴시키거나 방출시킬 수 있다면 충분히 가능한 일이지 않을까 생각하게 되었다. 그래서 핵분열로 관심을 돌린 실라르드는 연구 끝에 중성자 1개를 이용해 우라늄 원소를 폭발시키고 연쇄반응을 일으키는 프로세스인 핵분열에 성공했다.

한편 크기가 작은 중성자, 즉 중성미자neutrino의 존재를 최초로 세상에 알린 학자가 있었다. 바로 방사능 전문가이자 이탈리아의 물리학자인 엔리코 페르미Enrico Fermi, 1901~1954였다. 처음에 실라르드는 페르미와 시카고대학교에서 공동연구를 하다가 1942년에 전격적으로 맨해튼 프로젝트에 합류했다. 합류 당시 실라르드는 중성자를 이용한 원자폭탄 연구를 진행 중이었다. 게다가 독일의 화학자 오토 한Otto Hahn, 1879~1968과 오스트리아 출신의 물리학자 리제 마이트너Lise Meitner, 1878~1968도 핵분열 실험에 성공한 상태였다.

1942년 드디어 페르미와 실라르드는 세계 최초의 원자로 파일, 즉 핵원자로를 완성했다. 그러니까 두 사람은 최초의 핵 연쇄반응을 목격한 산증인인 셈이다.

엔리코 페르미

그러나 그 후 페르미와 실라르드는 원자폭탄의 위험성을 심각하게 받아들이고 즉시 생각을 바꿔 수소폭탄 개발에 반대했으며, 실라르드는 미군에게 원자폭탄 투하를 중단할 것을 촉구하며 적극적인 반군비경쟁을 주장하는 학자로 변신했다.

피터 힉스

표준 모형과 힉스입자

제2차 세계대전 후 과학은 더욱 눈부시게 발전했다. 핵에너지의 평화적인 사용 촉구, 태양에너지 포집, 음속 장벽 돌파, 레이저, 초전도체, 트랜지스터 등 많은 진전도 있었다. 물리학에서는 모든 현상을 양자 입자의 원리로만 규명할 수 있다고 여기는 듯했다. 그러나 21세기에 접어들면서 일상의 물리 현상 중에는 뉴턴의 운동법칙, 중력법칙으로만 설명할 수 있는 부분이 많다는 사실이 밝혀졌다.

1964년 영국의 물리학자 피터 힉스Peter Higgs, 1929~와 일부 학자는 질량을 물질로 이동시키는 역할을 하는 보스입자가 존재한다는 이론을 발표했다. 그 비밀스런 존재가 바로 신의 입자라고도 불리는 '힉스입자Higgs boson'다. 학자들은 힉스입자는 파동의 성질과 입자의 성질을 동

피터 힉스

시에 갖고 있기 때문에 양자 수준에서는 양자 장quantum field과 결합하는 성질이 있고, 에너지가 처음 물질로 변환될 때, 그러니까 우주가 탄생하던 순간에는 이 힉스입자에 의해 양자 장이 형성되었을 것이라고 예측했다. 이런 까닭에 학자들은 힉스 장에 얽힌 수수께끼만 풀린다면 일부 아원자 입자의 행동에서 보이는 이상 현상과 입자들에 질량이 있는 이유도 밝혀질 수 있으리라고 생각했다.

스위스의 유럽입자물리연구소 실험실에는 세계 최대 규모의 입자가속기인 강입자충돌기Large Hadron Collider가 설치되어 있는데, 2011년부터 강입자충돌기를 이용해 힉스 장 혹은 힉스입자의 정체를 밝히기 위한 연구가 진행되었다. 2012년 유럽입자물리연구소는 조심스레 힉스입자가 행동하는 방식과 유사한 입자를 발견했다고 발표했다. 물론 이 입자가 힉스입자인지는 아직 확실히 규명되지 않은 상태다.[9]

물리학 분야에는 통일장 이론, 보스입자와 중력, 심지어 연금술사의 돌에 이르기까지, 아직 베일에 싸인 문제들이 많으며 미래의 물리학자들이 그 신비를 파헤쳐주기만을 기다리고 있다.

9 이후 2013년 일본 도쿄대학교와 고에너지가속기연구기구 등이 참여한 국제연구팀에서 힉스입자를 발견한 것이 학술적으로 확정되었다.

The GREAT SCIENTISTS

Chapter 4

화학

원소와 화합물의 발견

화학은 우주를 구성하는 기본단위인 화학 원소를 다루는 학문이다. 화학 원소는 화학적으로 더 이상 쪼개질 수 없는 순물질을 말한다. 그러니까 순물질인 산소는 산소 원소로만, 철은 철 원소로만 구성되어 있다. 한편 산소와 수소가 결합해 물이 되고, 물과 철이 결합하면 녹이 된다. 이처럼 두 가지 이상의 원소가 화학 변화를 통해 만들어진 물질은 '화합물'이라고 한다.

화학은 물질을 구성하는 기본적인 성분을 탐구하고 물리적 자극에 대한 개별적인 특성과 반응을 조사하며, 이 성분들이 어떻게 결합되어 있는지 설명하고 새로운 물질을 탄생시키려고 시도하는 학문이다.

화학 이야기의 주제는 그야말로 다양하다. 고대 그리스 철학자, 중세의 마법사, 실험실 폭발, 미세원소, 양자물리학 등 광범위한 영역을 아우른다. 그중에서도 주기율표의 발견은 화학사에서 가장 중대한 사건으로 꼽을 수 있다. 주기율표에는 원소의 구성 방식이 나타나 있다. 이 주기율표 덕분에 전세계 화학자들은 원소의 특성을 한눈에 정리할 수 있게 되었다. 고대인들은 우주가 4원소로 구성되어 있다고 생각했다. 4개에 불과하던 원소는 이제 118개로 늘어났다. 지금도 화학자들은 우주를 구성하는 물질을 연구하다 보면 더 많은 원소가 발견되리라고 생각한다.

히파티아

고대의 원소, 초기 과학, 연금술사

오랫동안 인류는 고작 몇 가지 원소 밖에 모르고 살았다. 일부 고대 문화에서는 만물이 5원소로 이루어져 있다고 생각했다. 예를 들어 바빌로니아에서는 바람, 불, 흙, 바다, 하늘로, 중국에서는 화火, 수水, 목木, 금金, 토土로 구성되어 있다고 생각했다. 고대 그리스의 아리스토텔레스는 우주 만물이 흙, 공기, 불, 물과 제5원소이자 천상의 원소인 에테르로 구성되어 있다고 보았으나, 서양에서는 수세기 동안 우주 만물이 흙, 공기, 불, 물로 이루어진다는 4원소설을 믿었다.

BC 3세기 무렵 이미 학문의 중심은 아테네에서 이집트의 알렉산드리아로 넘어오고 있었다. 그로부터 한참 후 알렉산드리아에 세계 최초로 여성 과학자가 나타났다. 다름 아닌 히파티아Hypatia, 350/370~415다. 학자로서 히파티아는 액체의 성질을 탐구하기 시작했다. 아마 히파티아는 원소가 다양한 형태를 취할 수 있다는 사실을 발견한 듯하다. 이를테면 물이 얼면 얼음이 되고 철은 가열하면 녹는다. 그러니까 원소는 같지만 상태가 다를 수 있다는 사실을 알고 있었던 듯하다. 오랫동안 과학자들은 한 원소를 이루는 분자가 물리적인 형태를 구성하고, 그 배열이 바뀌면 물질의 상태도 바뀐다고 생각했다.

그런데 히파티아는 다른 학자들과 달리 더 가시적인 특성을 다루었을 뿐만 아니라 액체의 상대적인 밀도와 중량을 측정하는 액체비중계hydrometer[1]를 발명한 인물로 간주된다. 히파티아가 사물을 관찰하고, 실험하고, 발명하는 동안 알렉산드리아의 다른 학자들은 추상적으로 어떤 현상의 원인을 밝히는 데 주력했다.

한편 연금술은 4세기경 알렉산드리아에 마법과 주술 행위가 퍼지면서 처음 등장했다고 알려져 있다. 연금술사들의 목표는 비금속을 금속으로 만드는 비법을 캐내는 것이었다. 화학chemistry이라는 단어의 어원은 연금술alchemy인데, 아마 이집트의 옛 이름인 켐Khem에서 유래한 듯하다. 중동과 유럽의 연금술사들은 자신들도 모르는 사이에 화학 지식과 기술을 발전시키는 데 기여했다. 예를 들어 알렉산드리아의 유대인 연금술사 메리가 발명했다는 중탕냄비bain-marie는 초콜릿이나 캐러멜 같은 물질을 부드럽게 가열할 때 반드시 필요하다.

1 액체비중계 : 추를 액체에 띄워 가라앉은 부피에서 액체의 밀도, 농도, 비중 등을 알아내는 기계.

히파티아

Hypatia

(350/370경~415)

알렉산드리아의 도서관장이자 수학자의 딸인 히파티아는 그리스계 로마인이다. 히파티아는 아테네에서 교육을 받고, 당시 비잔틴제국에 속해 있던 고향 알렉산드리아로 돌아왔다. 이후 400년경부터 철학과 천문학을 가르치기 시작했다. 히파티아는 신플라톤주의의 대표주자이자 최후의 고대 학자였다.

히파티아는 여성의 의상을 입는 것을 거부하고 학자 가운을 입었는데, 그 시절에는 흔한 일이 아니었다. 당시 자료에 의하면 히파티아는 지역분쟁을 일으켰다는 죄로 기독교 폭도들에게 살해당했다고 한다.

로버트 보일

과학으로서 화학의 탄생

연금술은 중세 시대에만 성행한 것이 아니었다. 17세기의 과학자 로버트 보일Robert Boyle, 1627~1691도 원래 연금술사였다. 하지만 보일은 주술 산업으로서 연금술과 과학으로서 화학을 최초로 구분한 인물이기도 하다.

1661년 보일은 기념비적인 저서《회의적 화학자The Sceptical Chymist》를 발표했다. 이 책을 통해 보일은 자신만의 실험방식을 체계적으로 정리했고, 당시 연금술사들 사이에서 만연하던 미신, 모순된 언

로버트 보일

동, 일관성 없는 믿음과 행위 등을 비판했다.

아일랜드 백작의 자제인 보일이 가장 많은 열정을 보인 분야는 기체 실험이었다. 당시 사람들은 공기를 기체의 혼합물이 아닌 단일 물질이라고 생각했다. 어느 날 보일은 독일의 물리학자 오토 폰 게리케Otto von Guericke, 1602~1686가 공기펌프를 발명했다는 소식을 듣는다. 이 소식에 자극받은 보일은 관의 공기 양을 조절해 진공 상태를 만들 수 있는 개선된 타입의 공기펌프를 서둘러 제작했다. 보일은 공기가 생명과 불꽃을 연소시키는 데 반드시 필요하고, 진공 상태에서는 소리가 전달되지 않으며, 공기에는 언제나 탄력성이 있다는 사실을 증명했다. 이를 바탕으로 탄생한 이론이 "일정 온도에서는 공기의 부피와 압력이 반비례한다"는 '보일의 법칙'이다.

보일은 영국 출신의 법률가 프랜시스 베이컨Francis Bacon, 1561~1626이 과학적 방법론을 발표하고 6년 후에 태어났다. 당대의 다른 학자들과 마찬가지로 보일은 4원소설에 의문을 품고 있었다. 근대 과학이 태동할 조짐이 꿈틀거리고 있었으며 화학이 그 필두에 있었다. 그럼에도 보일은 비금속을 금으로 바꿀 수 있다는 믿음을 결코 버리지 않았다.

앙투안 라부아지에

화학혁명

18세기까지 새로운 물질이 계속 발견되고 이름이 붙여졌다. 예를 들어 인은 오줌으로 실험하는 복잡한 프로세스 중에 발견되었다. 한편 이보다는 몸에 해롭지 않은 방법을 통해 발견된 물질도 있었다. 이산화탄소고정된 공기, 수소불의 본질인 플로지스톤으로 예측, 질소플로지스톤화한 공기, 바륨, 몰리브덴, 텅스텐 등 새로운 금속실제 원소이 바로 그것이다. 과학자들은 화합물에 대한 지식, 그러니까 물질이 결합하는 방식에 대해 점점 더 많이 연구하기 시작했다.

1789년 프랑스의 화학자 앙투안 라부아지에Antoine-Laurent Lavoisier, 1743~1794는 원소표를 발표했다. 라부아지에의 원소표 목록에는 고대의 4원소를 훌쩍 넘는 33개 원소가 있었다. 물론 33개 중 일부는 나중에 잘못된 것으로 밝혀졌지만 말이다. 뿐만 아니라 라부아지에는 다른 학자들과 공동연구를 통해 화학물질 명명법을 새로 개발했는데, 이 명명법은 기존의 물질 구성을 기준으로 명명하는 것을 원칙으로 삼았다.

한편 라부아지에는 멋진 개인 실험실을 갖고 있을 정도로 부유했다. 물론 라부아지에가 개인 실험실에서 새로운 이론을 창안한 일은 거의 없었으나 다른 학자들의 아이디어를 확인하고 설명하기 위한 실험을 직접 할 수는 있었다. 이 과정에서 때로는 우선순위에 대한 논쟁이 벌어지기도 했다. 그중에서도 영국의 화학자 조지프 프리스틀리Joseph Priestley, 1733~1804와 벌인, 산소를 최초로 발견한 사람이 누구인지에 대한 논쟁이 특히 유명하다.

기존 이론에서는 물질이 연소될 때 그 속에서 플로지스톤이 빠른 회전운동을 하면서 물질 밖으로 달아나고, 연소는 공기 중의 열 때문에 일어나는 반응이라고 보았다. 그런데 라부아지에가 연소는 물질이 빛이나 열 또는 불꽃을 내면서 빠르게 산소와 결합하는 반응이라는 사실을 밝혀냈다. 이것이 라부아지에가 남긴 학문적 업적이다.

라부아지에는 밀폐된 용기를 이용해 세심하게 측정했다. 그래서 프리스틀리의 '탈플로지스톤화한 공기'는 공기 중에서 연소된 물질이며, 가열 후 금속 잔여물을 통해 공기로부터 흡수된 것과 같은 물질이라는 사실을 입증할 수 있었다. 라부아지에는 이 기체의 이름을 산 발생제acid generator라는 의미로 '산소oxygen'라고 붙였다. 나중에 라부아지에는 이름을 잘못 붙였다는 사실을 깨달았지만 이후에도 계속 이 이름을 사용했다.

우리가 숨을 쉴 때 필요한 기체의 이름이 산소가 된 사연은 이렇다. 어쨌든 라부아지에가 화학물질의 표현법과 방법을 표준화함으로써 화학혁명을 일으키는 데 기여한 것은 사실이다.

앙투안 라부아지에

Antoine-Laurent Lavoisier

(1743~1794)

1789년 프랑스혁명이라는 폭풍이 지나간 후 프랑스에는 새로운 정권이 수립되었다. 라부아지에는 귀족이었으나 새 정권의 합리적인 정책을 환영한 사람이다. 라부아지에는 계속 파리에 머물면서 과학아카데미 원장을 지냈고, 국립화약국을 총지휘하면서 혁명군에게 화약 자급자족을 보장했다.

원래 혁명 전 라부아지에는 세금 징수 청부업자였다. 당시 프랑스에는 정부에 돈을 빌려주고 상환금으로 세금을 징수하는 민간 징세업자들이 있었는데, 라부아지에는 이러한 민간 징세 사업에 투자하던 사람이었다. 그래서 벌이가 좋고 방탕한 생활을 하는 세금 징수 청부업자들에 대한 시민들의 반감이 컸다.

로베스피에르의 공포정치가 시작되면서 구정권의 혜택을 누린 이들은 협박을 당하기 시작했다. 자신은 세상에서 필요로 하는 궁정 과학자라고 생각한 라부아지에는 신변이 위험해질 것을 전혀 짐작하지 못했다. 불행히도 라부아지에의 판단은 틀렸다. 결국 라부아지에는 다른 세금 징수 청부업자들과 함께 체포되었다. 그리고 라부아지에와 함께 업적도 단두대에서 잘려나가고 말았다.

험프리 데이비

전기화학

대학에 들어가면 학생들이 많이 하는 실험이 있다. 아산화질소, 다른 말로 웃음가스 흡입 실험도 그중 하나다. 그런데 이런 실험들은 대부분 험프리 데이비Humphry Davy, 1778~1829가 영국 브리스톨에서 연구하던 시절에 하던 것들이다. 데이비는 가스 체험에 관한 보고서를 제출한 것이 계기가 되어 런던의 왕립연구소 보조 강사 자리를 얻으며 사교계의 유명인사가 되었다.

볼타전지가 발명된 지 얼마 되지 않은 때라 전기화학은 아직 초창기 단계였다. 이처럼 낙후한 환경 속에서 연구한 끝에 1807년 데이비와 왕립학회 회원들은 공동으로 '은-아연 전지'를 만드는 데 성공했다. 이 전지는 당시 세계에서 가장 성능이 우수했다.

험프리 데이비

한편 전기로 화합물을 분리할 수 있다는 사실을 알고 있었던 데이비는 전기분해 방식으로 수산화칼륨과 수산화나트륨에 전력을 접지선 방향으로 흘려보냈다. 앙투안 라부아지에는 수산화칼륨과 수산화나트륨을 원소라고 생각했기 때문에 원소표에 포함시켰다. 그런데 데이비가 수산화칼륨과 수산화나트륨을 칼륨과 나트륨으로 전기분해하는 데 성공하며 화합물이라는 사실을 증명했다.

데이비는 여기에서 그치지 않고 실험을 계속해 마그네슘, 칼슘, 붕소, 바륨을 발견했다. 뿐만 아니라 당시의 다른 학자들과 달리 염소 가스가 더 이상 쪼개지지 않는 원소라는 사실도 입증했다.

한편 데이비는 일반인들에게는 탄광의 안전등을 발명한 사람으로 알려져 있다. 당시만 하더라도 광부들은 가리개 없는 불빛을 들고 탄광에 들어갔다. 그런데 탄광은 가연성 가스가 수시로 새어나오는 위험한 장소였다. 데이비가 발명한 램프는 금속망이 불꽃 주위를 감싸고 있어서 메탄 가스가 새어나오더라도 불이 붙지 않도록 제작되어 화재의 위험을 피할 수 있었다.

존 돌턴

원자론

고대 그리스의 철학자 레우키포스Leucippus, 생몰연도 미상와 데모크리토스Democritus, BC 460경~BC 370경는 우주가 아주 작고 눈에 보이지 않는 고체로 이루어져 있다고 주장했다. 그리고 이 고체를 '더 이상 쪼갤 수 없다'는 뜻의 그리스어 '원자'라고 불렀다. 그러나 고대 그리스에서는 물질의 구조를 다루는 원자론은 별로 인기가 없었다.

한편 인도의 불교 신자들은 물질을 구성하는 기본단위는 '순간

minute'이라고 생각했다. 수천 년 동안 서양에서는 아리스토텔레스가 말한 지상의 4요소가 물질을 구성하는 요소라고 여겼다. 그런데 영국의 한 기상학자가 기체의 기본 성질을 연구하면서 이 믿음이 흔들리기 시작했다. 바로 존 돌턴John Dalton, 1766~1844이다.

돌턴은 자신이 어떻게 원자론을 발전시키게 되었는지 정확하게 기억하지는 못하지만, 기체와 모든 원소는 미세한 작은 원자로 구성되어 있고, 각 원소들은 고유한 원자 구조를 갖고 있으며 상대적인 무게로 구분할 수 있다고 생각했다. 이를 바탕으로 돌턴은 두 가지 다른 원소들이 재배열되면 화학반응이 일어나고, 원소로부터 나온 원자가 결합할 때 화합물이 형성된다는 결론을 내렸다. 이렇게 돌턴은 인위적으로 만들 수도 파괴할 수도 없는 것이 원자라는 이

존 돌턴

론을 정립하게 된다.

돌턴은 수소 용기의 무게가 산소 용기의 무게보다 가볍다는 것은 두 기체의 단위가 다르다는 의미로 해석했고, 이를 통해 자신의 이론을 증명할 수 있다고 생각했다. 심지어 돌턴은 한 용기에 여러 기체들이 혼합되어 있을 때도 이 기체들이 섞이지 않고 낱알처럼 확산된다고 여겼다. 이 말은 곧 기체를 구성하는 기본단위가 있다는 말이다. 그래서 돌턴은 가장 가벼운 기체인 수소를 1로 정의하고, 다른 기체들이 수소의 질량과 어떻게 결합하는지 관찰하고 비교해서 원자량을 구했다.

한편 돌턴은 원자 뭉치들이 모여 분자가 되고, 원자들은 일정한 비율로 결합한다고 주장했다. 대표적인 예로 탄소와 산소가 1:1의 비율로 결합해 일산화탄소가 되고, 탄소와 산소가 1:2의 비율로 결합해 이산화탄소가 된다. 그런데 여기서 돌턴은 큰 실수를 하나 했다. 수소와 산소가 1:1의 비율로 만나면 물이 된다고 잘못 생각한 것이다. 이후 프랑스의 화학자 조셉루이 게이뤼삭Joseph-Louis Gay-Lussac, 1778~1850이 수소와 산소가 2:1의 비율로 결합해야 물이 된다는 사실을 발견하면서 산소 화합물에 관한 연구가 줄을 이었다.

현재 원자론은 분자물리학의 연계 학문으로 간주되지만 돌턴이 연구할 당시에는 화학에 속했다. 결론적으로 돌턴은 두 학문의 연계 가능성을 제시하며 전기화학, 방사능, 핵물리학, 양자화학 같은 통합학문의 초석을 다진 셈이다.

유스투스 폰 리비히

이성질 현상과 유기화학

분자식이 유사한 물질들, 그러니까 원자들의 결합 상태가 유사한 물질이라도 정말 다르게 행동할까? 1827년 독일의 화학자 유스투스 폰 리비히Justus von Liebig, 1803~1873와 프리드리히 뵐러Friedrich Wöhler, 1800~1882는 분자가 다른 구조로 배열되었을 때의 행동에 대해 독자적으로 연구를 실시했다. 두 사람의 연구 결과에 의하면 분자의 형태에 작은 변화만 생겨도 그 성질에는 큰 변화가 생길 수 있었다. 리비히와 뵐러가 이성질체isomer[2]를 발견한 것이다.

그런데 사실 이성질체는 1830년 스웨덴 출신 화학자 옌스 야코브 베르셀리우스Jöns Jacob Berzelius, 1779~1848가 만든 용어다. 베르셀리우스는 우연히 화학기호에 라틴식 명명법을 도입한 인물이기도 하다.[3]

이성질체는 분자 내에서 다양한 결합 형태를 가질 수 있다. 쉽게 말해 유사한 이미지를 나타낼 수 있는 화합물인 이성질체는 근래에는 의약화학 분야에서 많이 활용된다. 예를 들어 식욕저하제인 펜터민phentermine의 원자를 재배열하면 강력한 각성제인 덱스트로메스암페타민dextromethamphetamine이 된다.

원래 리비히의 관심 분야는 유기화학이었다. 특히 탄소를 함유한

2 이성질체 : 분자식은 같으나 분자 내에 있는 구성원자의 연결 방식이나 공간 배열이 동일하지 않은 화합물.
3 예를 들어 철의 화학기호 F는 라틴어 ferrum에서 왔다.

분자에 관한 리비히의 연구는 응용화학 분야에 새바람을 일으키며 화학이라는 학문을 식품, 농업, 영양 분야에 응용하는 계기가 되었다. 1838년 리비히는 다음과 같은 글을 썼다.

"모든 유기물질 생산은 더 이상 생물의 영역이 아니다. 이제 실험실에서 유기물질을 생산하는 일이 가능할 뿐 아니라 머지않아 현실이 될 것이다."

이어 리비히는 값싼 고기 추출물을 생산해 자신의 주장이 사실임을 확인시켜주었다. 또한 리비히는 토양을 분석해 최대 수확량을 얻는 법을 연구했으며 직접 거름도 생산했다. 이 과정에서 리비히는 식물의 탄소 성분이 부엽토나 부식질이 아니라 광합성으로 만들어진다는 사실을 증명했다.

한편 1908년 또 다른 독일의 화학자 프리츠 하버Fritz Haber, 1868~1934는 공기 중의 질소로 암모니아를 합성하는 방법인 '질소고정법'을 발명해 살아 있는 비료를 만들어 인류에 큰 공헌을 했다. 그러나 동시에 제1차 세계대전에 투입할 화학무기를 발명해 인류에 큰 해악을 끼치기도 했다.

유스투스 폰 리비히

Justus von Liebig

(1803~1873)

리비히는 독일 다름슈타트에서 태어났다. 화학 제조업자인 아버지는 다름슈타트에서 직접 제조공장을 운영했다. 아버지는 공장 운영보다 아들이 화학물질을 갖고 실험할 수 있는 실험공간을 더 중요시한 사람이었다. 하지만 어린 리비히는 학교에서 실험하다 폭발 사고를 내 집안에 경제적으로 큰 손해를 끼쳤다. 리비히의 부모는 결국 아들을 약제상의 도제로 보내기로 했는데, 이는 가족의 안전과 아들의 앞날을 위한 결정이었다.
리비히는 21세의 젊은 나이에 기센대학교의 교수가 되었다. 극단적인 성향의 교수인 리비히는 화학을 약학의 일부가 아니라 독립적인 학문으로 인정해야 한다고 주장했다. 또한 어린 시절의 사고를 잊지 않고 항상 엄격한 통제하에서 실험을 실시할 것을 강조했다. 당시 리비히의 실험방식은 현재 전세계 실험실의 표준적인 모델이 되었다.

장밥티스트 뒤마

치환법칙

19세기 초반 널리 인정받던 분자구조론에서는 모든 화합물은 양성이나 음성 중 하나이고, 정반대의 성질을 지닌 원소들이 서로 당길 때 화학결합이 이루어진다고 보았다. 이 이원론적인 이론에 정면으로 도전장을 던진 이는 스웨덴의 화학자 옌스 야코브 베르셀리우스였다.

한편 프랑스 출신의 교사이자 정치가인 장밥티스트 뒤마Jean-Baptiste Dumas, 1800~1884는 염소로 표백된 촛불이 연소할 때 염화수소 연기가 생성된다는 사실을 발견하고 "표백이 진행되는 동안 테레빈유의 탄화수소 오일에 있는 수소가 염소로 대체된다"치환법칙는 결론을 내렸다. 이전에 뒤마는 이미 특별한 상황에서는 극적인 구조적 변화가 없어도 양전기인 수소 원자가 음전기인 염소 혹은 산소 원자로 치환될 수 있다는 사실을 증명했다. 그럼에도 유스투스 폰 리비히를 포함한 베르셀리우스 같은 학자들이 이 치환법칙에 심하게 이의를 제기하는 바람에 뒤마는 자신의 주장을 철회하고 말았다. 그러나 종내 뒤마의 이론은 베르셀리우스의

장밥티스트 뒤마

이론을 제치고 승리했다.

뒤마는 우레탄이나 나무를 증류시켜 만드는 메탄올 같은 화합물의 성분을 확인하는 연구도 했는데, 이는 상대적으로 논란의 여지가 적었다. 이 밖에도 뒤마는 기체상vapour phase[4]에서 물질의 질량, 온도, 부피, 압력 등을 찾아 증기의 밀도를 측정하는 방법을 발전시켰다. 이 방법을 적용하면 30개 원소의 원자 질량을 더 정확하게 측정할 수 있어서 총합을 구하는 데 유용했다.

뒤마야말로 유기화학 연구의 선구자였다. 뒤마도 리비히처럼 연구실과 엄격한 실험을 중시한 초창기 학자 중 한 사람이다. 이렇듯 뒤마는 걸출한 학문적 업적을 이루며 과학아카데미에서 고위직에 올랐다. 그러나 다른 이들과 달리, 후배 화학자들이 치고 올라와 그동안 쌓은 명성이 무너질까 두려워 그들을 견제하거나 하지는 않았다.

로베르트 분젠

분젠버너

독일의 로베르트 분젠Robert Wilhelm Bunsen, 1811~1899은 참 많은 것을 발견하고 발명한 학자다. 그런데 대부분의 사람들에게는 분젠의 이름을 따서 만든 가스버너 '분젠버너'를 발명한 사람으로만 알려

****

4 기체상 : 기체의 어느 부분을 취해도 물리적으로나 화학적으로 균일한 성질을 갖는 상태.

져 있다. 1855년 분젠은 마이클 패러데이가 만든 장치의 원리를 응용해 가스버너를 만들어서 열악한 화학 실습 환경을 개선하는 데 일조했다.

로베르트 분젠

당시 대학 실험실은 대충 지어져서 언제든 유독성 가스가 발생할 위험이 있었다. 그래서 분젠은 안전하면서도 빛과 열을 동시에 가할 수 있는 수단이 필요했다. 이것이 분젠이 분젠버너를 발명하게 된 계기다. 분젠은 바닥에 공기구멍을 만들어 가스와 공기가 점화되기 전에 혼합되고 긴 불꽃을 솟아오르게 할 수 있는 장치를 설계했다. 이 장치는 공기의 흐름

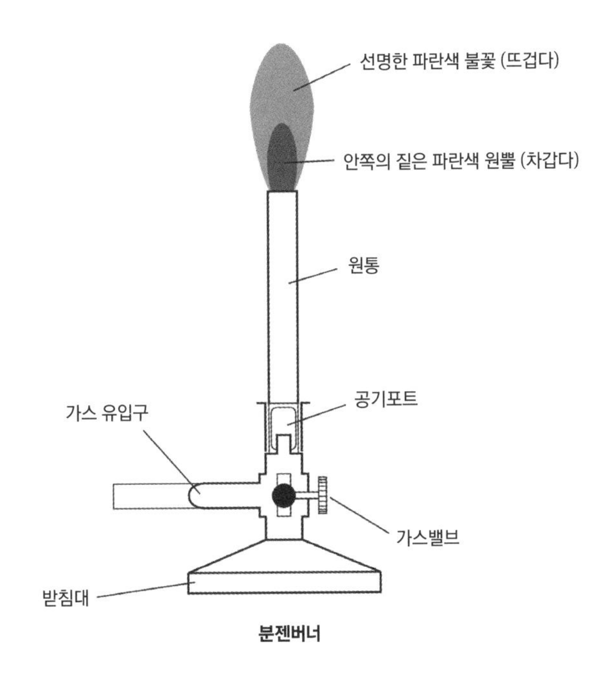

분젠버너

을 증가시킬 수 있도록 제작되어 깨끗하면서 뜨겁고 푸른 불꽃을 생성시킬 수 있었다. 게다가 이 불꽃은 실험실의 유리 제품에 사용하기에도 좋았다.

분젠버너의 푸른 불꽃은 연소하는 원소의 색상에 영향을 주지 않았기 때문에 분광학, 색채 연구, 다양한 원소의 불꽃에서 방출되는 빛의 스펙트럼 연구에 기여했다. 분젠과 구스타프 키르히호프Gustav Kirchhoff, 1824~1887는 또한 신알칼리 금속인 세슘을 분석하는 데 분젠버너를 활용했다.

드미트리 멘델레예프

주기율표

주기율표는 화학에서 중요한 의미를 지닌다. 주기율표는 모든 원소의 기본 성질과 각 원소들이 속한 그룹을 일목요연하게 정리해놓은 도표로, 화학자라면 누구나 이 주기율표를 읽을 수 있어야 한다.

사실 러시아의 화학자 드미트리 멘델레예프Dmitri Mendeleev, 1834~1907 이전에도 기존에 알려진 원소들을 목록화하려는 학자들이 있었다. 특히 영국의 화학자 존 뉴런즈John Newlands, 1837~1898는 원소의 성질에 일정한 패턴이 있다는 사실을 알고 있었다. 뉴런즈는 원소의 성질을 분류하는 데 '옥타브의 법칙'을 적용했다. 옥타브의 법칙은 유사한 성질을 가진 원소를 7개씩 묶고 여덟 번째 원소부터 다음 열로 넘어가는 방식이다.

이와 달리 멘델레예프는 원자 수, 다시 말해 원자의 핵에 있는 양성자의 수를 기준으로 배열하는 원칙을 적용했고, 또 하나의 변수로 원자가를 추가했다. '원자가'란 한 원자가 결합하는 힘으로, 바깥 껍질의 전자 개수와 관련이 있다. 원자가가 클수록 더 많은 전자와 결합할 수 있다는 뜻이고, 원자가와 원소 번호는 대략 일치한다.

원자가가 같은 원소들을 '족'이라고 하는데 주기율표에서는 세로열에 배열된다. 예를 들어 18족에 속하는 비활성기체귀족기체는 17족의 할로겐 원소들처럼 세로로 배열된다. 쉽게 말해 멘델레예프의 주기율표에서 가로 행은 주기를, 세로 열은 성질이 유사한 원소들이 모여 있는 족을 나타낸다.

한편 멘델레예프는 아직 발견되지 않은 원소들의 자리를 빈 칸으로 두었는데, 기존에 알려진 원소들만큼 알려지지 않은 원소들도 중요하다고 생각했기 때문이다.

멘델레예프가 주기율표를 발표한 당시에는 그 주기율표가 어떤 원리로 만들어졌는지 이해하는 사람이 없었다. 멘델레예프가 발견한 주기 패턴이 원자의 가장 바깥 껍질에 있는 전자의 수였다는 것은 나중에 밝혀진 사실이다.

드미트리 멘델레예프

Dmitri Mendeleev

(1834~1907)

멘델레예프는 러시아 시베리아에 자리한 소도시의 교사 가정에서 14형제 중 막내로 태어났다고 하나, 문헌마다 기록이 달라서 정확하게 몇 형제인지는 모른다. 14세에 학업을 위해 상트페테르부르크로 이사를 간 멘델레예프는 1864년 대학교수로 임용되면서 일생의 대부분을 그곳에서 보냈다.

멘델레예프는 특별연구원 장학금을 받아 독일 하이델베르크대학교에서 2년 동안 유학한 적이 있다. 그러나 독일에서 멘델레예프는 로베르트 분젠을 포함한 다른 화학자들과 친분을 맺기보다는 자신이 살던 아파트에 만든 실험실에서 실험하기를 더 선호했다.

1860년 독일 카를스루에에서 열린 국제화학회의에 참석한 멘델레예프는 그곳에서 원자량에 관한 새로운 이론들을 접했다. 그리고 이 이론들은 멘델레예프가 원소들을 체계적으로 정리하는 데 도움이 되었다.

조사이어 윌러드 기브스

통계역학과 열역학

1870년대 초기만 하더라도 물리화학은 관찰과 사실이 분리되어 있는 학문이었다. 그때까지 물리화학은 에너지, 힘, 운동 같은 개념과 법칙들을 적용하는 물리학적 관점에서 화학 체계를 연구하는 분야였다. 여기에는 동역학운동과 운동의 원인을 연구하는 학문을 통한 화학반응 속도 연구와 항장력이나 가소성에 영향을 주면서 물질에 작용하는 힘을 관찰하는 것도 포함된다.

물리화학 분야에 변화가 일어난 계기는 1875년에서 1878년 사이 미국의 수학자이자 물리학자인 조사이어 윌러드 기브스Josiah Willard Gibbs, 1839~1903가 장장 300페이지에 달하는 논문 〈불균일 물질의 평형On the Equilibrium of Heterogeneous Substances〉을 발표한 것이다. 700개의 수학 방정식이 등장하는 이 논문에는 물리화학적 발견이 총망라되어 있었으며, 상세한 설명이 있는 것은 물론이고 기브스 자신의 이론도 함께 소개되어 있었다. 특히 기브스는 열과 온도의 관계를 연구하는 학문인 열역학이 에너지와 일의 화학적 상태를 연구하고 설명하는 데 도움

조사이어 윌러드 기브스

이 될 것이라고 여겼다.

마음속으로 자신이 이론가라고 생각한 기브스는 제임스 클러크 맥스웰, 루트비히 볼츠만Ludwig Boltzmann, 1844~1906과 함께 통계역학 이론을 발전시켰다. 통계역학에서는 입자를 거대한 집합으로 보고 입자의 통계적 특성을 중시한다. 통계역학은 이러한 관점에서 열역학에 접근한다는 의미로 기브스가 직접 만든 용어다. 이외에도 기브스는 화학물질과 화학반응의 분석도구로 통계역학을 활용했다.

기브스가 도입한 개념인 '화학 퍼텐셜chemical potential'은 한 시스템에서 분자 수 증가에 따른 내부에너지internal energy[5]의 증가 속도를 말한다. 또한 열역학적 상태를 측정하는 개념인 자유에너지도 기브스가 제안한 것이다.

그러나 기브스의 논문은 이론가들도 이해하기 힘들 정도로 난해했다. 1879년 맥스웰이 젊은 나이에 세상을 떠나자 미국에서 기브스의 이론을 이해할 수 있는 사람은 이제 기브스 본인뿐이라는 농담이 유행했다고 한다. 이제 그 기브스도 세상을 떠나고 없다니 참으로 애석한 일이다.

5 내부에너지 : 물체가 지니고 있는 에너지 중에서 물체가 전체적으로 이동하거나 회전하기 위해서 갖는 운동에너지 이외에 물체 내부에 축적되는 에너지.

에밀 피셔

생화학과 합성 화합물

독일의 유기화학자 에밀 피셔Emil Fischer, 1852~1919는 설탕과 단백질의 구조와 퓨린화학 염기를 공유하는 특정한 화합물의 특성 등 수많은 중요한 발견으로 화학 발전에 공헌했다. 특히 피셔는 탄수화물과 아미노산에 대한 명쾌한 설명과 더불어 생화학이라는 새로운 학문 분야를 탄생시키는 데 기여했다.

에밀 피셔

피셔는 1882년 처음 퓨린 연구를 시작해 17년 동안 연구를 계속한 결과 겉보기에는 관련이 없는 듯한 일부 자연 화합물들이 사실은 화학적 연관성이 있다는 사실을 입증했다. 이러한 화합물 중에는 요산 같은 동물의 배설물도 있었고 카페인과 테오브로민초콜릿에서 발견되는 물질처럼 식물성 생성물도 있었다. 그런데 이들은 모두 '5탄소 원소와 4질소 원자'라는 공통의 원자단atomic group[6]을 공유하고 있어서, 2개의 공통 원자를 갖는 순환군을 2개 형성하며 배열되어 있었다. 피셔는 이러한 공통의 고리를 '퓨린purine'이라

6 원자단 : 화합물의 분자 내에서 공유결합을 통해 결합하고 있는 원자의 집단.

고 지칭했으며 모든 퓨린은 상호 유도될 수 있다고 보았다.

피셔는 구조가 이미 입증된 화합물 외에도 향후 그 구조가 입증되리라고 예상되는 화합물까지도 합성해서 의약품, 심지어 식품까지 저렴한 가격으로 공급할 수 있게 되기를 바랐다. 바르비투르염 약물은 그중 하나였다. 이러한 피셔의 노력이 결실을 맺어 드디어 여러 가지 퓨린을 합성시켰고, 이후 설탕을 연구해 합성 포도당과 과당을 생성시키는 데 성공했다.

이것이 끝이 아니었다. 피셔는 이스트의 효모[7]가 특정한 형태의 설탕 이성질체만 먹는 현상을 관찰했으며, 바로 여기서 효소의 활동이 분자의 성분이 아닌 분자의 구조에 의해 결정된다는 사실을 알아냈다.

여러 가지 아미노산을 합성해 아미노산을 서로 연결해주는 고리를 발견한 것 역시 피셔의 업적이다. 방대한 영역을 아우르는 피셔의 연구는 생리학 발전에 크게 기여했다. 한편 박사 시절부터 피셔는 오랫동안 페닐히드라진을 연구했는데, 아마도 이 때문에 암에 걸린 듯하다. 한때는 수은중독으로도 고생했다고 한다. 이렇듯 초기의 화학은 위험한 학문이었다.

7 효모 : 화학 변화에는 영향을 끼치지만 그 자체에는 변화가 없는 천연 단백질.

윌리엄 램지

귀족기체

19세기는 기체에서 금속에 이르기까지 새로운 원소들이 속속들이 발견되고 원소들의 화학적 위치가 서서히 자리잡기 시작한 시기다. 1890년대에 기체족은 별도로 분리되어 있어서 마치 다른 물질들과 화학적 상호작용을 하지 않는 것처럼 보였다. 이러한 기체들은 원자가가 0이기 때문에 주기율표에 끼워넣을 자리가 없었다. 게다가 이들은 평범한 원소들과 함께 놀기에는 너무 고귀한 성질을 갖고 있었다.

1890년대에 스코틀랜드의 화학자 윌리엄 램지William Ramsay, 1852~1916는 소위 이 '귀족기체'들의 샘플을 최초로 포집했다. 램지와 영국의 물리학자 존 레일리John Rayleigh, 1842~1919는 대기에서 질소를 포집했는데, 이 질소의 밀도가 화학반응에 의해 생성된 질소의 밀도와 일치하지 않았다. 두 사람은 이때 처음 아르곤을 발견한 것이다. 이 기체의 정체를 확인하기 위해 두 사람은 기존에 알려진 모든 기체들을 분리해보았다. 분리 후에는 항상 소량의 기체가 남았는데 마치 아무 반응도 일어나지 않는 것처럼 보였다. 그래서 이들은 이 새로운 기체의 이름을 게으르다는 뜻의 그리스어 '아르곤argon'이라고 붙였다.

1898년 램지는 같은 족에 속하는 네온, 크립톤, 크세논 등 희유기체rare gas를 잇달아 발견했다. 먼저 램지는 공기를 액화시키고 액화된 공기를 가열한 뒤 발생하는 기체들을 각각 포집했다. 이 가스들은 다른 원소들과 반응하지 않는 화학적 비활성 상태였는데, 여기에는 1895년에 램지가 발견한 헬륨, 1900년에 발견한 라돈도 있었다. 주기율표에서는 모두 8족에 속하는 원소들이다.

한편 귀족기체를 이용하면 특별한 상태에서 밝고 반짝이는 색깔을 만들 수 있다. 그중에서도 네온은 다른 원소들보다 사람들에게 더 많이 알려져 있다.

윌리엄 램지

길버트 뉴턴 루이스

자유에너지와 공유결합

조사이어 윌러드 기브스가 열역학 이론을 정립하고 20년이 지나도록 물리화학 분야에는 실용적인 논문이 거의 없었다. 아마도 기브스의 이론이 너무 난해했기 때문인 듯하다. 그 공백을 메우려 애쓴 학자가 바로 미국의 화학자 길버트 뉴턴 루이스Gilbert Newton Lewis, 1875~1946다. 화학반응 물질은 열역학적 상태에 따라 변한다. 그런데 그때까지 화학반응 물질들의 자유에너지 값은 알려지지 않은 상태였다. 이 자유에너지 값을 측정한 학자가 루이스다.

한편 루이스는 한 체계의 엔트로피entropy[8], 즉 더 이상 사용할 수 없는 에너지를 측정하는 방법을 실험했고, 이 연구는 화학반응이 계속 진행될지 혹은 종료될지, 아니면 평형상태에 도달할지 예측하는 데 도움이 되었다.

루이스의 가장 큰 업적은 원소들이 원자가가장 바깥 껍질에 있는 전자의 개수에 따라 결합한다는 사실을 이론화한 것이다. 1902년 물리학자들은 원자들이 핵 주변에 독특한 순서로 배열된다는 사실을 처음 알게 되었는데, 루이스는 이를 자신의 고유한 이론으로 발전시켰다. 먼저 루이스는 원자를 모든 모서리에 전자가 배열될 수 있는 공간이 있는 정육면체라고 가정했다. 그리고 원자와 전자들이 맞바뀌면

8 엔트로피 : 자연 물질이 변형되어 다시 원래의 상태로 환원될 수 없게 되는 현상.

서 정육면체의 모서리를 채우는 이상적인 배열로 배치될 때 화학결합이 이루어진다고 보았다. 그리고 이 이론을 다듬어서 1916년 원자들이 전자를 공유할 때만 화학결합이 이루어진다는 이론을 발표했다. 나중에 이 발견은 '공유결합'이라고 불리게 된다. 당시 루이스는 전자가 공유되지 않는 상태를 '자유분자free molecule'라고 불렀는데, 지금은 '자유기free radicals'라는 표현이 사용된다. 우리 몸에도 자유기가 있는데 항산화제를 이용하면 체내의 자유기를 중화시킬 수 있다.

길버트 뉴턴 루이스

라이너스 폴링

화학결합과 단백질 구조

미국의 화학자 라이너스 폴링Linus Pauling, 1901~1994은 1920년대에 최초로 양자역학 이론을 적용해 화학결합의 성질을 연구하며 20세기를 대표하는 화학자 반열에 올랐다. 다른 현대 화학자들과 마찬가지로 폴링도 물리학 원리를 바탕으로 개발된 기술을 활용했다. 폴링은 여러 가지 획기적인 학문적 사실들을 발견했지만, 그중에서도 최고의 업적은 화합물의 분자 내에서 오비탈 경로들이 간혹 혼성, 즉 결합 상태가 된다는 사실을 발견한 것이다.

한편 원자들 사이에서 전자들이 서로 교환되는 경우를 이온결합이라고 하는데, 전자들을 서로 공유하는 공유결합처럼 이온결합도 특수한 사례라는 사실을 입증한 사람도 폴링이었다. 이후 1949년 폴링 연구팀은 겸상적혈구빈혈sickle-cell anaemia의 분자 구조를 밝혀냈다.

1950년대에 들어와 폴링은 단백질 분자 구조로 관심을 돌렸다. 그런데 단백질 분자는 크고 약한 데다 복잡하기까지 해서 연구하기에 만만치 않은 대상이었다. 이 문제를 해결하기 위해 폴링은 고유의 모형 구성 접근 방식을 개발했다. 먼저 폴링은 분자를 구성하는 기본단위의 구조를 익혔다. 이때 사용된 분자는 아미노산이었다. 다음 단계에서 폴링은 분자들이 어떻게 연결되어 있는지 관찰한 뒤, 마지막 단계에서 자신이 발견한 사실을 검증하기 위한 모형을 구성했다.

폴링은 다시 신기술을 적용했다. 엑스선 회절법에서는 물질을 투입해 엑스선을 산란시키면 다양한 회절 패턴이 나타난다. 폴링은 이때 나타나는 회절 패턴을 보면 원자 격자에 대한 정보를 알 수 있다는 점에 착안해 단백질 분자를 분석했다.

이후 폴링 연구팀은 아미노산이 단단한 구조를 형성하며 끝부분에서만 결합한다는 이론을 발전시켰다. 이어 폴링은 대부분의 단백질 합성물은 삼중나선 구조, 즉 알파 구조로 되어 있다는 사실을 밝혀냈다. 사실 DNA 구조를 규명한 업적은 폴링에게 돌아갈 수 있었으나, 폴링이 삼중나선 구조로 잘못 해석하는 바람에 영광을 놓치고 말았다. 이후 DNA는 이중나선 구조라는 사실이 밝혀졌다.

라이너스 폴링

Linus Pauling

(1901~1994)

라이너스 폴링은 미국 오리건 주의 포틀랜드에서 태어났다. 14세 때 친구 집에 놀러갔다가 화학 실험 세트로 실험하면서 화학반응을 처음 보자마자 화학의 매력에 흠뻑 빠졌다. 그 감동을 잊지 못한 폴링은 곧장 집으로 달려가 지하실에 자기만의 실험실을 만들었다.

1917년 오리건농업대학교현재 오리건주립대학교 화학공업과에 입학한 폴링은 학부 과정에서 이미 두각을 나타내 친구들에게 수업을 해달라는 요청을 받을 정도였다.

1930년대에 폴링은 살아 있는 몸에 존재하는 거대 생체분자 구조에 몰두하기 시작해 1954년에는 노벨화학상을 수상했다. 1960년대부터는 과학계에 핵무기 실험 중단을 촉구하며 평화운동에 적극적으로 동참했다. 그 공로를 인정받아 1962년에 노벨평화상을 수상하며 단독으로 2회 노벨상을 수상하는 독특한 이력을 기록했다.

일라이어스 코리

합성화학

유기합성은 에밀 피셔를 비롯한 여러 학자들의 연구 성과물로, 단순한 출발 물질을 이용해 복잡한 유기화합물을 생산하는 화학 프로세스를 말한다. 이러한 유기합성법이 널리 적용되는 합성화학 산업 분야의 주 생산품목은 나일론, 플라스틱, 페인트, 살충제, 기타 의약품 등 다양하다.

기존 방식에서는 복잡한 유기물 분자목표 분자의 합성 구조를 직접적으로 다룬다. 따라서 단순하고 쉽게 구할 수 있는 물질에서 시작해 화학반응 순서에 따라 목표 분자를 형성한 뒤 물질들을 조립한다. 화학자들은 출발 물질 혹은 일련의 반응 프로세스를 정확하게 파악하는 일에서 가장 많은 어려움을 겪는다. 1960년대에 이를 좀 더 계획적이고 체계적으로 접근할 방법이 필요하다고 느낀 학자가 있었다. 바로 하버드대학교 화학과 교수이자 미국의 유기화학자인 일라이어스 코리Elias James Corey, 1928~다. 이렇게 해서 탄생한 것이 '역합성 분석법retrosynthetic analysis'이다.

일라이어스 코리

역합성 분석법에서는 목표

분자를 다루는 법부터 더 작은 소단위로 분해하는 방식에 이르기까지 논리적이고 체계적인 방식으로 접근한다. 한마디로 목표 분자들이 분해되면 결국 단순한 출발 물질로 돌아가는 셈이다. 따라서 역합성 분석법을 적용하면 목표 분자를 쉽고 빠르고 효과적으로 만들 수 있다.

게다가 역합성 분석법은 다양하게 활용될 수 있다는 장점이 있다. 이러한 장점을 활용해 코리 연구팀은 100개 이상의 제품, 특히 의약품을 합성하는 데 성공했다. 역합성 분석법으로 합성된 물질은 대표적으로 프로스타글란딘이 있으며, 그 외에 임신을 유도하거나 혈병이나 알레르기, 감염을 치료하거나 혈압을 조절하는 호르몬 유사물질 등이 있다. 이중 일부는 자연 상태에서 발견되기도 하지만 극소량에 불과하다. 다행히 역합성 분석법 덕분에 이제 이러한 물질들을 전세계 병원과 약국에서 쉽게 볼 수 있게 되었다.

아메드 즈웨일

펨토화학

화학반응은 순식간에 일어나기 때문에 펨토초femtosecond처럼 1초를 잘게 나눈 단위로만 나타낼 수 있다. 1펨토초는 1,000조분의 1초, 즉 10^{-15}초다. 화학반응의 전이상태에서는 분자를 구성하고 있는 원자들이 극도로 빠르게 움직이기 때문에 원자들이 재배열되는 시간은 100펨토초도 채 안 걸린다.

1970년대에 과학자들은 대부분 이처럼 빠른 속도로 진행되는 화학반응 과정을 직접 눈으로 보는 것은 불가능하다고 생각했다. 그런데 캘리포니아공과대학교의 아메드 즈웨일Ahmed H. Zewail, 1946~2016이라는 이집트 출신의 화학자는 생각이 달랐다. 당시 개발된 지 얼마 되지 않은 고속 레이저에는 화학자들이 필요로 하는 초고속 카메라가 장착되어 있었다. 그래서 펨토초 단위로 플래시를 연속적으로 생성할 수 있었다. 이 점에 착안해 1980년대에 즈웨일은 연속 플래시를 이용해 화학반응을 일으키고 그 변화들을 기록하는 실험에 착수했다.

실험 끝에 즈웨일은 진공관에서 분자를 혼합시키고 고속 레이저를 통해 혼합된 상태에서 펄스를 빔으로 쏘는 프로세스를 개발하는 데 성공했다. 첫 번째 플래시는 반응이 시작될 수 있도록 화학물질에 가압하는 역할을 했다. 이때 연속적으로 나타나는 라이트 빔은 이 프로세스를 통해 생성된 분자의 라이트 패턴이나 스펙트럼을 기록했다. 그러니까 이것들을 분석하면 실제로 분자들이 어떻게 변하는지 볼 수 있었다.

아메드 즈웨일

화학결합이 깨지거나 재형성되는 과정을 관찰할 수 있다는 것은 화학자들에게 혁명적인 사건이었다. 이제 화학자들은 원자와 분자에서 어떤 일이 벌어지고 있는지 머릿속으로만 상상하지 않고 화학반응을 눈으로 직접 볼 수 있으므로 실험을 더 쉽게 계획하고 실험 결과를 예측하는 것이 가능했다.

즈웨일이 개발한 이 기술을 펨토초 분광학 혹은 펨토분광학이라고 하며, 관련 연구는 펨토화학이라는 물리화학의 새 영역으로 정착되었다. 펨토화학은 의약품 개발에서 전자제품 설계에 이르기까지 광범위한 영역에 응용되고 있다. 즈웨일은 이를 "시간과 겨루는 싸움에서 이룰 수 있는 최후의 업적"이라고 했다.

이처럼 물리학을 기반으로 한 기술은 화학의 한 축을 이루고 있으며 물의 구조를 모방한 나노튜브 제작도 가능할 것으로 보인다. 미완의 상태인 주기율표가 채워지려면 더 많은 화합물들이 합성되어야 한다. 미래의 연금술사들에게는 자신의 능력을 펼칠 기회가 무궁무진하게 열려 있다.

The GREAT SCIENTISTS
Chapter 5
생물학
지구에 사는 생명체의 특성

지구에 살고 있는 생명체는 그야말로 다양하다. 크고 작은 동식물, 맨눈으로는 볼 수 없는 미생물에 이르기까지, 살아 있는 모든 생물에게 공통적으로 나타나는 프로세스가 있다. 살아 있는 모든 생물은 물리적, 화학적 변화를 겪는데 이 프로세스를 '신진대사'라고 한다. 동물이 음식 섭취를 통해 성장과 생식에 필요한 에너지를 생성시키는 과정도 신진대사다.

고대 문명인들은 동식물을 사람에게 좋은 것, 두렵게 여겨야 하는 것, 먹으면 안 되는 것으로 구분했다. 인류 최초로 살아 있는 생물의 분류 체계를 세운 것이다. 약초 채집자들은 의료용 식물에 관한 지식 체계를 발전시키고, 해부학자들은 해부와 관찰 행위를 통해 사람과 동물의 신체가 작동하는 방식을 연구하기 시작했다.

15세기에 탐험가들은 신대륙 땅을 밟으며 이제껏 알지 못하던 다양한 종의 세계를 처음으로 접했다. 이어 16세기에 현미경이 발명되면서 관심의 초점은 미생물과 모든 생물의 기본단위인 세포에 맞춰졌다. 18세기 스웨덴의 식물학자 칼 폰 린네Carl von Linné, 1707~1778는 복잡한 동식물 분류 체계생물분류법를 알기 쉽게 재정비했고, 이 분류 체계는 현대 분류학의 근간이 되었다.

찰스 다윈Charles Darwin, 1809~1882의 진화론은 유기체의 생물학적 특성이 진화하고 퇴화하는 것을 추적하는 '자연선택설'을 바탕으로 전개된 이론으로, 현대 생물학의 뿌리다. 현대 생물학은 유전학, 세포생물학, 분자생물학의 발전으로 이어졌고, 인간이 생물학적 프로세스를 통제해 산업과 의학에 이롭게 유전공학과 합성생물학 등을 사용할 수 있는 길을 터주었다.

오늘날 생물과학 분야는 그 어느 때보다 실험과 연구가 활발하게 진행되고 있다. 현재 생물학은 인류가 자연사 연구를 시작한 이래 최고의 전성기를 구가하고 있다.

아리스토텔레스

생물 분류

고대 그리스의 대표적인 학자 아리스토텔레스는 철학자로 많이 알려져 있다. 그런데 원래 아리스토텔레스는 자연계에 일어나는 모든 현상에 관심이 많은 세계 최초의 위대한 생물학자였다.

초기 경험론자인 아리스토텔레스는 동식물의 행동을 직접 관찰하는 수고도 마다하지 않았다. 아리스토텔레스는 이렇게 수집한 방대한 분량의 자료를 토대로 동식물을 500개 이상의 다양한 종으로 분류했다. 그러나 이 자료들을 집대성한 이는 제자인 테오프라스토스Theophrastos, BC 370경~BC 285경다.

아리스토텔레스는 모든 종은 나름의 목적에 따라 창조되었다고 생각했다. 아리스토텔레스의 사상이 지배하던 서양에서는 1859년 다윈이 진화론을 발표하기 전까지 사람들은 종은 정해져 있고 절대 변하지 않는다고 믿었다.

아리스토텔레스의 업적은 모든 생물을 대상으로 독특한 분류 체계를 마련한 것이다. 먼저 아리스토텔레스는 기존에 알려진 모든 생물을 동물과 식물, 이 두 가지 표목으로 분류했다. 동물은 서식지땅·물·하늘에 따라 세 가지로 분류한 다음, 각각을 척추동물과 무척추동물, 그리고 유혈동물과 무혈동물로 나누었다. 유혈동물은 생식 방법에 따라 태생포유동물과 난생조류와 어류으로, 무혈동물은 곤충, 갑각류, 유각류연체동물로 하위분류했다.

한편 아리스토텔레스는 초기 형태의 이명법을 도입했다. 모든 생물에 속명 혹은 과명을 부여했는데, 그중 두 번째 이름은 그것만 보고도 어느 과에 속하는지 구분할 수 있도록 특성을 반영해서 지었다.

이후 아리스토텔레스의 생물 분류 체계는 2,000년 동안 굳건히 자리를 지켰다. 18세기 린네의 분류도 아리스토텔레스의 생물 분류 체계를 바탕으로 한 것이나, 아리스토텔레스의 생물 분류 체계에는 오류가 있었다.

예를 들어 아리스토텔레스는 개구리가 아가미를 가지고 태어나 물에서 살다가 성장하면서 폐가 생긴다고 설명했다. 그래서 물속에 사는 개구리와 육지에 사는 개구리를 다른 종류로 나누었다. 간혹 아리스토텔레스의 추론에서 오류가 발견되기도 한다. 거름이 썩으면 저절로 초파리가 생긴다는 추론이 대표적인 예다.

서양의 학자들은 대부분 아리스토텔레스와 플라톤의 계급적 분류 개념에서 유래한 '존재의 거대한 고리great chain of being'나 '자연계단ladder of nature'이 참이라고 여겼다. 맨 위에는 완벽한 계층을 의미하는 신과 천사가, 그다음에는 왕과 인간이, 맨 아래에는 식물과 동물이 있다. 이들은 이 계층적 구조를 신이 정하는 것이라고 믿었다. 그러나 중세 시대에 접어들면서 그 믿음이 흔들리기 시작했다.

안톤 판 레이우엔훅

현미경 속의 자연

유럽 과학혁명은 17세기 안톤 판 레이우엔훅Antonie van Leeuwenhoek, 1632~1723이 현미경 속 세상을 발견하면서 시작되었다. 네덜란드의 렌즈 제조업자 레이우엔훅은 500개가 넘는 렌즈를 만든 세계 최초의 현미경학자였다.

물론 레이우엔훅이 만든 현미경은 사물을 확대하는 성능만 우수했을 뿐, 오늘날의 현미경처럼 고성능의 복합렌즈나 다중렌즈가 장착된 현미경은 아니었다. 다만 당대의 다른 제조업자들이 만든 현미경이 최고 확대 배율이 고작 30배인 데 반해 레이우엔훅의 현미경은 최고 확대 배율이 300배였다.

레이우엔훅의 현미경에는 2개의 금속판 사이에 선명한 단일렌즈가 있었다. 그리고 두 금속판은 대갈못으로 이어져 있고 현미경 맨 아랫부분에서 3~4인치 정도 떨어진 상태로 고정되어 있었다. 그러나 레이우엔훅은 현미경 제작 기술 중 몇 가지는 비밀로 남겨두었다. 아마 동그란 액체 방울로 견본을 둘러싸는 기술, 그러니까 구면의 성질을 이용해 렌즈에 맺힌 상의 해상도를 개선하는 문제와 관련이 있었을 것이다.

현미경 위에 놓여 있는 모든 사물은 레이우엔훅에게 호기심의 대상이었다. 레이우엔훅은 식물과 동물의 조직, 곤충, 화석, 크리스털 등 온갖 사물을 닥치는 대로 현미경으로 관찰했다. 이렇게 관찰하다 발견한 것이 정충 같은 미생물이었다.

레이우엔훅은 세계 최초로 현미경으로 관찰한 미생물의 모습을 상세히 기록해놓았다. 이 발견이 중요한 이유는 기존의 이론이 틀렸음을 입증하는 자료이기 때문이다. 그때까지 사람들은 낮은 단계의 생물은 자연의 물질이 부패해서 생긴다고 믿었다. 이를테면 모래나 먼지에서 이가, 밀에서 가루응애가 생긴다고 생각했다. 그런데 레이우엔훅이 미생물이나 그보다 훨씬 더 큰 곤충이나 생명주기는 같다는 사실을 발견한 것이다.

그 가운데서도 하나의 세포로 구성된 단세포생물의 존재를 발견한 것은 레이우엔훅의 최고 업적이다. 1674년 레이우엔훅은 연못에 관한 글에서 다음과 같이 썼다.

"나는 연못에서 다양한 입자들과 나선형으로 구불구불한 녹색 줄들을 보았다. 이 줄들의 굵기는 사람의 머리카락 하나 정도였다."

레이우엔훅이 발견한 것은 단세포 구조의 녹조류Spirogyra였다.

그러나 레이우엔훅의 보고 내용을 믿을 수 없었던 왕립학회에서는 사실 여부를 조사하기 위해 교구 목사, 의사, 변호사로 구성된 특별 연구팀을 파견했다. 그리고 1680년 레이우엔훅의 보고가 사실임이 확인되었다.

한편 레이우엔훅은 박테리아도 발견했다. 아주 작은 생물이라는 의미에서 '극미동물animalcule'이라고 명명했으며 이렇게 기록했다.

"아주 작고 깜찍한 움직임을 가진 극미동물이 많았다. 그중 크기가 가장 큰 종은… 움직임이 매우 날렵하고 강했으며 물살혹은 거품을 쏜살같이 가르고 지나갔다."

안톤 판 레이우엔훅

Antonie van Leeuwenhoek

(1632~1723)

17세기의 과학자들은 대부분 명문가 자제에 대학 교육을 받았으나 레이우엔훅은 상인 가정 출신이다. 16세 때 레이우엔훅은 암스테르담의 포목상에서 도제 생활을 시작했다. 당시는 실의 촘촘함으로 옷감의 품질을 확인하던 시절이었고 이때 사용된 도구가 확대경이었다. 당시 현미경은 받침대 위에 고정되어 있었고 사물을 최대 3배까지 확대할 수 있는 성능을 갖추고 있었다. 그래서 레이우엔훅은 확대경의 원리를 정확하게 파악하고 있었을 것이다.

그러다 1665년 영국의 과학자 로버트 훅Robert Hooke, 1635~1703의 대표작이자 베스트셀러인 《마이크로그라피아Micrographia》를 읽고 난 후 레이우엔훅은 모든 관심과 열정을 자연 세계의 미생물들을 탐구하는 데 쏟아부었다. 《마이크로그라피아》에는 벼룩이나 이 같은 미생물에 관한 기록과 선명한 사진들이 수록되어 있었다.

이후 레이우엔훅은 손수 렌즈를 갈아서 3년 만에 현미경을 제작했다. 그리고 이 현미경으로 관찰한 결과들을 수 년 동안 런던의 왕립학회에서 발표했다. 한편 과학 진흥을 위해 설립된, 세계에서 가장 유서 깊은 학술단체인 왕립학회는 지금도 그 명맥을 유지하고 있다.

칼 폰 린네
보편적 분류법

식물학자들이 하는 일은 탐험가들이 발견한 새로운 식물과 동물들의 이름을 명명하고 분류하는 것이다. 과학혁명은 이처럼 잔잔한 학문의 세계까지 한바탕 휩쓸고 지나갔다. 스위스의 박물학자 콘라드 폰 게스너Konrad von Gesner, 1516~1565는 열매를 기준으로 식물을 분류했고, 이탈리아의 식물학자 안드레아 체살피노Andrea Cesalpino, 1519~1603는 씨앗을 맺는 구조에 따라 그룹을 지었다.

물론 이것 말고도 경쟁이 될 만한 분류 체계들이 많았다. 그중에서도 스웨덴 태생의 식물학자 칼 폰 린네Carl von Linné, 1707~1778는 어떤 대상의 관찰 가능한 특성과 자연발생적 유연 관계를 바탕으로 한 보편적인 분류법의 중요성을 간파하고 있었다. 이 점이 반영되었기에 린네의 분류법은 단연 독보적이다.

칼 폰 린네

린네는 어린 시절부터 '꼬마 식물학자'로 유명했다. 여기에는 아마 잘 가꿔진 정원을 감상하며 자란 영향이 클 것이다. 린네는 22세의 젊은 나이에 600종이 넘는 향토 식물을 수집했다. 이에 저명한 식물학자 울로프 셀시우스Olof Celsius,

1670~1756는 일찌감치 린네의 범상치 않은 재능을 알아보고 자신의 도서관을 빌려주어 식물 분류 체계를 연구할 수 있도록 배려했다.

린네는 여행을 다녀올 때마다 식물 표본을 가지고 왔으며 제자들을 식물채집 여행에 보내기도 했다. 그중에는 1768년 제임스 쿡 선장의 대항해에 동참한 스웨덴의 박물학자 다니엘 솔랜더Daniel Solander, 1733~1782도 있는데, 솔랜더는 최초로 호주와 남태평양 항해에서 식물 표본을 채집해서 돌아온 인물이다.

대표작인 《식물의 종Species Plantarum》에서 린네는 이명법binominal system[1]을 적용해 7,300종이 넘는 식물의 이름을 명명하고 각각의 특성을 설명했다. 속이 같은 모든 식물에는 짧은 라틴어 이름을 동일하게 붙였다. 예를 들어 해바라기처럼 태양의 모양과 유사한 꽃 그룹에 대해서는 외적인 특성을 반영해 헬리안투스Helianthus, 태양의 꽃이라는 뜻라는 속명을 붙여주었다.

린네의 분류법이 등장하기 전에 식물의 이름은 길고 거추장스러웠다. 게다가 식물학자들마다 각기 다른 명명 시스템을 사용한 것도 혼란을 가중시켰다. 한마디로 린네의 간단한 분류법은 혁명적이었다. 예를 들어 예전에는 로자 실베스트리스 이노도라 세우 카니아Rosa sylvestris inodora seu canina이던 들장미의 학명이 로자 카니나Rosa canina로 간소화되었다.

자연을 수직적인 체계로 분류한 것도 성공적이었다. 맨 위에 계kingdom가 있고, 그 아래로 강class, 목order, 속genus, 종species으로 분

1 이명법 : 생물의 이름을 나타낼 때 속명 다음에 종명을 표기하는 방법.

류했다.

그러나 모든 사람들이 린네의 분류법을 좋게 본 것은 아니다. 신학자들은 '존재의 거대한 고리'에서는 영적으로 더 높은 지위를 차지하고 있던 인간이 한 단계 아래인 영장목primates으로 분류된 점을 비판했다. 이에 린네는 이렇게 답했다.

"동물에게도 영혼이 있으며, 인간과 동물의 차이점은 고상함의 유무다."

한편 린네가 생식기관수술과 암술을 기준으로 식물을 분류하고 인간의 성에 비유한 것에 충격을 받은 이들도 있었다. 예를 들어 린네는 수술 9개, 암술 1개인 것에 대해 "남자 9명과 신부 1명이 한 방에 있다"는 식으로 적나라하게 비유했다.

일부 사람들의 반대에 부딪친 것은 사실이지만 린네의 분류법은 결국 보편적인 분류법으로 인정을 받았다. 이제는 유전학이나 생화

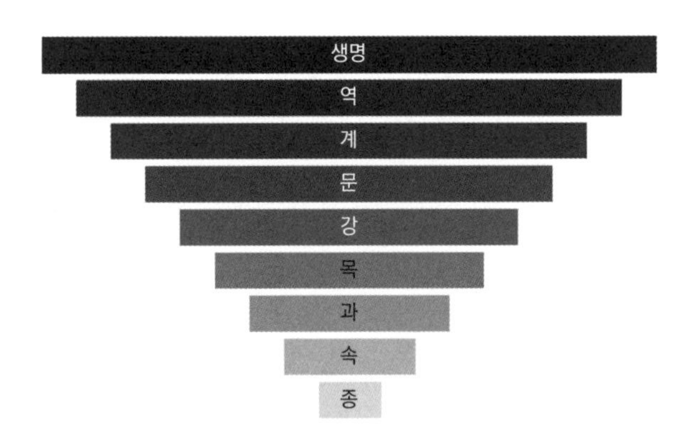

현재는 분류학 등급에 과(family), 문(phylum), 역(domain, 혹은 empire)이 추가되었으나 근본적으로는 린네의 생물분류법을 따르고 있다.

학 등을 기반으로 새로운 식물 분류와 명명법이 적용되고 있다. 이 같은 현대 분류학의 뿌리는 바로 린네의 분류법이다.

마티아스 슐라이덴
테오도르 슈반
오스카 헤르트비히

생명체의 구성 요소

살아 있는 생물의 구조적, 기능적 기본단위인 세포는 17세기에 현미경이 발명된 후에야 발견되었다. 이후 과학자들은 수십 년 동안 세포의 정확한 특성에 대해 논의를 펼쳤다. 1838년 독일의 식물학자인 마티아스 슐라이덴Matthias Schleiden, 1804~1881과 해부학자이자 생리학자인 테오도르 슈반Theodor Schwann, 1810~1882은 정찬 후 논의를 하다가 현재의 '세포설cell theory'을 떠올리게 되었다. 두 사람은 생물을 구성하는 기본단위가 세포일 것이고, 살아 있는 모든 생물은 1개 이상의 세포로 구성되며, 모든 세포는 이미 존재하는 세포로부터 생긴다고 추론했다. 이전 사람들은 생물은 무생물에서 저절로

마티아스 슐라이덴

생긴다고 생각했으나 이는 사실이 아님이 밝혀진 순간이다.

현대 생물학의 핵심인 세포설은 화학의 원자론만큼 중요한 위치를 차지한다. 물론 당시에 슐라이덴과 슈반 말고도 세포의 중요성을 알고 있는 학자들이 있기는 했다. 그러나 세포핵과 세포분열의 중요성을 가장 먼저 발견한 사람은 다름 아닌 슐라이덴이다. 당시 슐라이덴이 관찰한 것은 지금은 염색체chromosomes라고 부르는 구조인데, 바로 이 염색체에 세포의 유전정보가 들어 있었다.

테오도르 슈반

이후 학자들은 다세포생물은 체세포분열mitosis, 실이라는 뜻의 그리스어

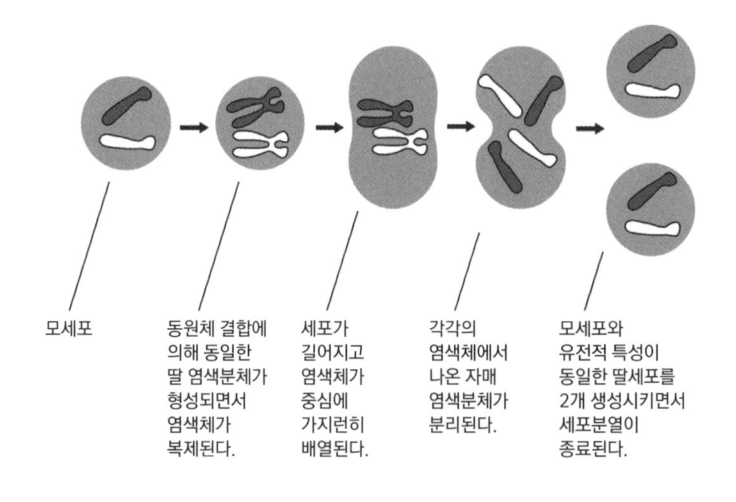

체세포분열의 단계

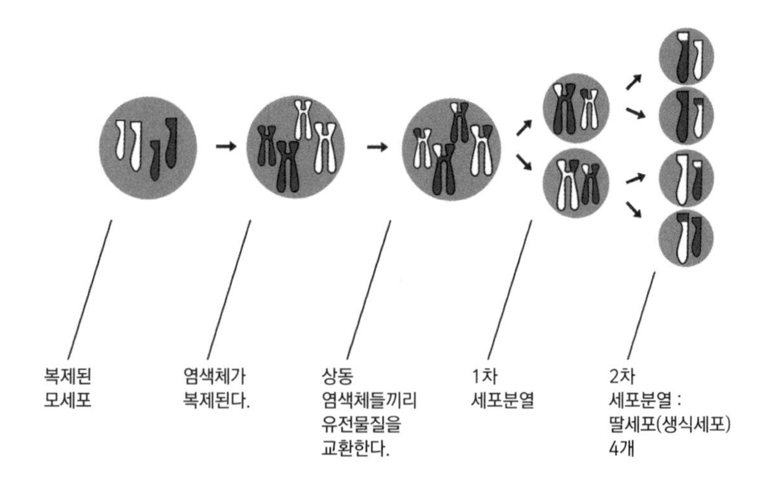

감수분열을 할 때 생식세포는 먼저 2개로 나뉜 다음 4개의 생식세포를 형성한다. 이 생식세포 4개의 염색체 수는 모세포 염색체 수의 절반이다. 사람의 체세포 속에 있는 핵에는 염색체가 23쌍 들어 있으며, 생식세포에는 염색체가 23개 들어 있다. 수정이 되어 생식세포 2개가 결합한 후에는 염색체 스물세 쌍 중 하나가 성을 결정한다. 여성의 성염색체는 XX, 남성의 성염색체는 XY다.

을 통해 낡은 세포를 교체한다는 사실을 알았다. 체세포분열 과정에서는 모세포와 동일한 염색체를 가진 딸세포가 2개 형성된다. 사람은 일생에 평균 약 1만조의 세포분열을 하는 것으로 알려져 있다. 반면 아메바 같은 단세포생물은 무성생식을 한다. 무성생식이란 하나의 세포가 둘로 나뉘어 동일한 딸세포, 즉 완전히 새로운 유기체가 생성되는 것을 말한다.

한편 유성생식을 하는 동식물은 다른 방법으로 생식세포가 분열한다. 이 방식은 1876년 독일의 생물학자 오스카 헤르트비히Oscar Hertwig, 1849~1922가 성게의 난자에서 처음 발견했으며 감수분열meiosis이라고 한다.

감수분열에서는 부모, 즉 남성과 여성이라는 2개의 개체가 성교를 해야 자손이 생긴다. 부모의 생식기관에서 나온 세포의 핵에 있는 염색체가 복제되고 유전물질을 서로 교환한 뒤 딸세포 4개, 그러니까 생식세포남성의 경우 정자, 여성의 경우 난자를 만들면서 세포가 두 번 분열한다. 이때 각 생식세포에는 원래 세포에 비해 염색체 수가 절반만 들어 있다. 남성 생식세포와 여성 생식세포가 결합해 수정이 되면 부모의 유전자를 받은 접합자수정란 세포를 형성하게 된다. 접합자는 새로운 세포, 궁극적으로는 새로운 자손을 만들기 위해 감수분열 과정을 거치며 여러 번 분열한다.

오스카 헤르트비히

찰스 다윈

혁명을 일으키다

1859년 찰스 다윈Charles Darwin, 1809~1882이 발표한 《종의 기원On the Origin of Species》은 과학사에서 가장 의미 있으면서 논란이 많았던 책으로 손꼽힌다.

이 책에서 처음 등장한 진화론과 자연선택설은 신이 우주 만물을 창조했다는 믿음에 도전하는 이론이었기 때문이다. 일부 사람들은 자연선택이라는 과정이 신이나 지적인 창조자를 대신하는 것처럼 보인다며 신의 존재에 도전하는 것이라고 생각했다.

다윈은 1831년부터 1836년까지 비글호를 타고 태평양의 갈라파고스제도를 탐사하면서 진화론의 기초를 다졌다. 항해하는 동안 가장 먼저 다윈의 눈에 띈 것은 섬마다 거북이의 신체적 특징이 조금씩 다르다는 점이었다. 다윈은 처음부터 이런 차이가 있었던 것이 아니라 섬마다 다른 서식환경에 맞추다 보니 차이가 발생했다는 생각, 그러니까 진화했을지 모른다는 의심을 품게 되었다.

오랜 연구 끝에 다윈은 진화가 일어난 것이 사실이라고 확신했다. 지구상에 존재하는 생물은 창조주의 작품이 아니라 단세포생물에서 다세포생물에 이르기까지 모두 주변환경에 맞춰 진화한 것이라고 말이다.

항해에서 돌아오면서 다윈은 진화론을 뒷받침하고 생물학에 혁명을 일으킬 프로세스를 발견했다. 진화의 요인이 '자연선택natural selection'이라고 생각한 것이다.

다윈은 자연선택설을 인위적인 선택에 비유해 설명했다. 집에서 동물이나 식물을 키우는 사람은 인위적으로 짝을 선택해 2세를 만들어낼 수 있다. 반면 자연선택에서는 이러한 재배자가 없는 대신 가장 적합한 생물을 택하고 가장 부적합한 생물을 버리는 '적자생존'이라는 프로세스가 지배한다. 따라서 생존을 위한 적응력 혹은 환경에 잘 적응하는 성격에 따라 종의 미래가 결정된다. 적자생존은 진화와 오랜 세월에 걸쳐 진행된 멸종, 다양화 현상 등을 설명하기 위한 모델로 사용되었다.

한편 다윈과는 별개로 진화론을 발전시킨 앨프레드 러셀 월리스 Alfred Russel Wallace, 1823~1913라는 학자가 있다. 많은 학자들이 월리스를 진화론의 공동창시자라고 인정하지만 월리스의 이론은 다윈의 이론과 유사한 점이 많으면서도 차이가 있다. 예를 들어 다윈은 개인에게 영향을 미치는 선택 행위를 강조한 반면, 월리스는 그룹 혹은 종 전체에 영향을 미친다고 생각했다.

그 밖에도 진화론과 약간 연관성이 있으나 다윈은 인정하지 않은 이론들이 전개되기 시작했다. 대표적인 예가 우생학eugenics이다. 우생학은 다윈이 세상을 떠나고 1년 후 사촌인 프랜시스 골턴Francis Galton, 1822~1911이 다윈주의의 개념을 토대로 발전시킨 학문이다. 우생학에서는 사회에 이롭다고 판단되는 우수한 유전형질을 물려주는 것이 세상에 기여하는 방법이라고 보며, 이러한 유전학적 특성을 개발하는 것이 궁극적인 목표다. 불행히도 우생학은 20세기 나치 독일이 유전적 순수성을 강조하며 민중 선동에 악용하면서 오명을 얻었다.

찰스 다윈

Charles Darwin

(1809~1882)

1809년 영국의 중상류 계층 가정에서 태어난 다윈은 케임브리지의 크리스트칼리지에 진학했다. 마침 로버트 피츠로이 선장이 과학 탐사 항해에 동참할 동식물학자를 찾던 중이었고, 다윈은 적임자로 임명되어 비글호라는 대항해선을 타게 되었다.
다윈은 비글호에서 찰스 라이엘Charles Lyell, 1797~1875의 《지질학 원리The Principles of Geology》를 연구했다. 이 책에는 지구가 성서학자들이 주장하는 것보다 훨씬 더 오래되었다는 지질학자 제임스 허턴James Hutton, 1726~1797의 이론에 관한 라이엘의 논고가 있었는데, 다윈은 이 부분에 많은 영향을 받았다.
다윈은 항해 중 수차례 탐사여행을 다녔고, 지구에 존재하는 다양한 종의 동식물을 관찰하며 점점 더 그 매력에 빠졌다. 다윈은 1838년 자연선택이라는 개념을 처음 구상한 이래 20년이 넘는 세월을 오로지 진화론이라는 새 이론을 발전시키는 데 바쳤다. 물론 다윈은 기독교계에서 반감을 가질 것을 예상하고 있었다.
1839년 다윈은 사촌인 엠마 웨즈우드와 결혼했으며 슬하에 10명의 자녀를 두었다. 이후 다윈은 자연 세계를 다룬 다양한 저서를 발표하며 당당히 유명 학자의 반열에 올랐다. 현재 다윈은 런던의 웨스트민스터 사원에 고이 잠들어 있다.

페르디난트 콘

박테리아 연구의 선구자

1670년대 안톤 판 레이우엔훅이 박테리아를 발견한 후 박테리아는 유럽 각국의 왕과 여왕에게 호기심의 대상이 되었다. 단세포로 이루어진 이 미생물들의 길이는 몇 마이크로미터밖에 되지 않았다. 이는 사람 머리카락의 직경도 채 되지 않는 길이다. 발견 이후로도 200년 동안 이 작은 미생물의 존재는 제대로 밝혀지지 않은 채였다.

페르디난트 콘Ferdinand Cohn, 1828~1898은 박테리아에도 다양한 종이 있다는 사실을 알고 있던 학자 중 한 사람이었다. 1872년 콘은 분류 체계를 만들어 미생물을 다음과 같이 네 그룹으로 나누었다. 둥근 모양의 구형박테리아sphaerobacteria, 짧은 막대 모양의 마이크로박테리아micro-bacteria, 긴 막대 혹은 실 모양의 데스모박테리아desmobacteria, 나사 혹은 나선 모양의 나선형박테리아spirobacteria다.

박테리아의 종에 따라 특성이 다르다는 것은 중대한 발견이었다. 이 발견이 박테리아가 감염을 일으키는 원인이 될 수 있다는 이론을 정립하는 계기가 되었기 때문이다. 그리고 콘의 도움으로 로베르트 코흐Robert Koch, 1843~1910는 탄저병, 콜레라, 결핵의 원인이 되는 박테리아를 찾아낼 수 있었다.

1876년 콘은 고초균Bacillus subtilis의 생명주기를 서술했다. 또한 콘은 고초균이 열에 노출될 때 내생포자를 형성하는 과정을 최초로 설명한 사람이다. 박테리아는 끓이면 대부분 죽지만 내생포자는 끓

여도 살아남는다. 박테리아가 번식하기에 좋은 환경이 다시 갖추어지면 예를 들어 실온으로 돌아오면 새로운 간균을 만들 수 있는 포자가 자라난다. 내생포자는 현재 식품업계의 골칫덩어리로, 내생포자가 파괴될 수 있도록 조치하거나 내생포자를 형성하는 박테리아의 성장을 막을 수 있는 방안이 절대적으로 필요한 실정이다.

페르디난트 콘

Ferdinand Cohn

(1828~1898)

페르디난트 콘은 독일 슐레지엔 지방의 유대인 거주 지역인 브레슬라우현재 폴란드의 브로츠와프에서 태어났다. 타고난 신동인 콘은 2세가 되기 전에 글을 읽었고 14세에 대학에 입학했다. 그러나 첫 학위는 유대인이라는 이유로 받지 못했다. 베를린에서도 강사직에 임용되지 못했는데 그것도 역시 유대계 혈통이 문제였던 듯하다.

콘은 성공한 상인인 아버지를 둔 덕에 값비싼 고성능 현미경을 가질 수 있었고, 자연스레 현미경 속 세상에 흥미를 느끼게 되었다. 아버지가 사준 새 현미경은 콘이 아끼는 연구 도구 중 하나였다.

19세의 젊은 나이에 콘은 식물학 박사학위를 받으며 브레슬라우대학교에서 강사 생활을 시작했다. 1859년에 식물학 부교수로 임용되었고 1870년대에는 당대 최고 세균학자의 자리에 오르며 도처에서 학생과 젊은 과학자들이 콘의 강의를 듣기 위해 몰려들었다. 현재 콘은 세균학의 창시자로 간주된다.

그레고르 멘델

유전학의 아버지

형질은 세포 속에 존재하는 유전자를 통해 한 세대에서 다음 세대로 전달된다. 지금은 이 사실을 당연하다고 여기지만 오스트리아의 식물학자이자 수사인 그레고르 멘델Gregor Mendel, 1822~1884이 유전에 관한 논문을 발표하기 전까지는 아무도 몰랐다.

아리스토텔레스는 형질이 혈액을 통해 한 세대에서 다음 세대로 전달된다고 생각했다. 프랑스의 생물학자 장밥티스트 라마르크Jean-Baptiste Lamarck, 1744~1829도 긴 목을 갖는 기린의 형질이 혈액을 통해 다음 세대로 전달된다고 보았다.

부모의 형질은 자녀 세대에 어떻게 전달되고 나타날까? 이는 학자는 물론이고 일반인들도 궁금해하던 문제였다. 그때까지만 하더라도 부모의 형질이 자녀 세대에서는 섞여서 나타난다는 것이 보편적인 견해였다. 예를 들어 키가 큰 배우자와 키가 작은 배우자가 만나면 자녀의 키는 두 사람의 중간쯤 된다는 것이다. 이러한 생각이 좀더 발전해 사람들은 부모 키의 평균값이 자녀의 키일 것이라고 믿었다. 나중에 이는 사실이 아닌 것으로 밝혀졌지만 말이다.

그레고르 멘델

멘델은 어린 시절부터 호기심이 많고 영

특했다. 멘델은 유전에 얽힌 비밀을 밝히기 위해 대학에 진학하고 싶었으나 가난한 농부의 아들이라 학비는커녕 입에 풀칠을 하기도 어려운 형편이었다. 고민 끝에 멘델은 브르노현재 체코공화국에 있는 아우구스투스수도원에 수사로 들어갔다. 그곳에서 수도원장은 멘델에게 대학교 학비를 지원하고 수도원 정원에서 식물 실험을 할 수 있도록 배려해주었다.

그래서 멘델은 부모 세대의 유전형질이 자녀 세대에 전달되는 비밀을 풀고야 말겠다는 의지를 불태우며 8년이라는 세월을 오로지 수천 개의 완두콩을 재배하고, 이종교배하고, 자신이 재배한 수천 개의 완두콩을 일일이 세고 분류하는 데 바쳤다.

멘델은 각 세대 식물의 줄기 높이높은지 낮은지, 꽃의 색깔자주색 혹은 흰색, 종자나 콩의 색깔초록색 혹은 노란색 같은 형질을 서로 비교했다. 그런데 예상 외의 결과가 나왔다. 자녀 세대에서는 부모가 가지고 있는 두 형질이 섞여서 나타나는 것이 아니라 둘 중 한 형질만 나타난 것이다. 예를 들어 꽃의 색깔은 자주색 아니면 흰색이었고, 두 색이 섞여서 나타나는 경우는 없었다.

다음 세대잡종 2대를 재배했더니 각 형질의 쌍 중 하나는 반드시 우성이었다. 예를 들어 자녀 1대에서 종자는 항상 노란색우성인자이었지만, 자녀 2대에서는 3:1의 비율로 우성인 노란색이 나타났다. 다음 세대에서도 이 비율은 동일하게 유지되었다.

1866년 드디어 멘델은 오랜 기간에 걸친 연구 결과를 발표하는데, 이것이 그 유명한 '멘델의 법칙'이다. 멘델은 완두콩을 대상으로 실험했지만 살아 있는 모든 생물에 이 법칙을 적용할 수 있다고 주장했다. '분리법칙'은 자녀가 부모에게 물려받은 형질은 우성과 열성으로 분리되어 나오는 현상을 말한다. 멘델이 분리법칙을 발견하면서 부모의 형질이 섞여서 유전된다는 기존의 이론은 잘못되었음이 밝혀졌다. 또한 멘델은 분리법칙에 의해 물려받은 형질들은 서로 영향을 주지 않고 독립적으로 유전된다고 주장했는데, 이를 '독립법칙'이라고 한다. 자주색 꽃에서는 초록색 완두콩이 열리지 않고 항상 노란색 완두콩이 열리는 현상이 대표적인 예다.

이제 멘델의 법칙을 현대 용어로 다시 설명해보겠다. 특정한 형질의 유전자, 그러니까 완두콩의 색깔은 여러 모양과 짝을 이룬다. 이 대립유전자는 우성 아니면 열성이다. 그리고 한 쌍의 대립유전자가 유전형질을 결정한다. 생식세포성세포 생성을 위한 감수분열에서는 각 생식세포들이 대립유전자 중 한 형질만 가져갈 수 있도록 2개의

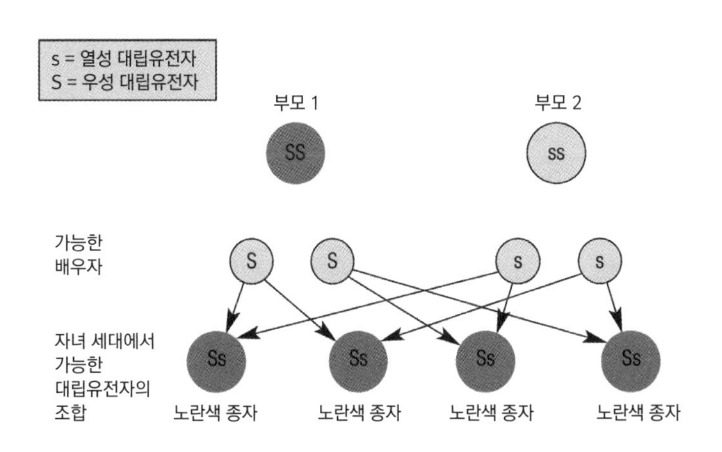

멘델의 잡종 1대 교배

자녀 세대는 초록색 종자인 열성 대립유전자를 갖고 있지만
우성인 노란색 종자만 나타난다.

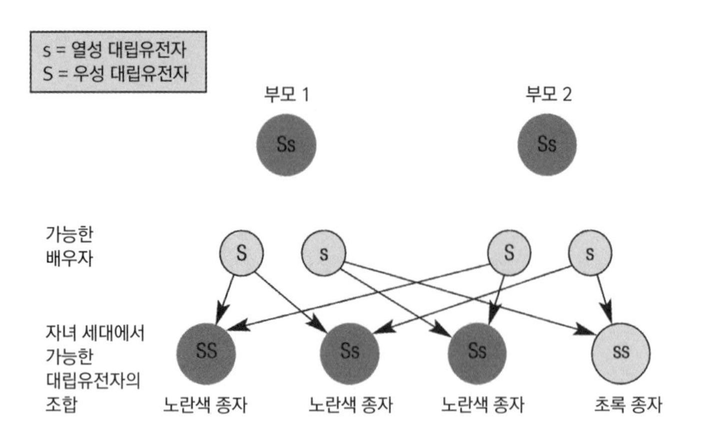

멘델의 잡종 2대 교배

자녀 세대에서는 노란색 종자가 나타날 비율이 높다.
노란색 종자와 초록색 종자의 비율은 3 : 1이다.

형질이 한 쌍으로 분리된다.

한편 수정 중에는 자녀가 부모에게서 받은 대립유전자를 다시 후대에 전달할 수 있도록 대립유전자 1개만 갖고 있는 생식세포들이 임의로 결합을 한다. 어떤 형질이 자손 세대에서 나타나는지 여부는 그 대립유전자가 우성 혹은 열성인지에 좌우된다. 이질대립유전자끼리 결합할 때는 우성인 대립유전자가 나타나는 반면, 동질대립유전자끼리 결합할 때는 열성인 대립유전자가 나타난다. 낭성섬유증cystic fibrosis[2] 같은 일부 유전질환은 열성 대립유전자 때문에 발생한다. 쉽게 말해 양쪽 부모로부터 열성인 대립유전자만 물려받았을 때 생기는 질병이다.

2 낭성섬유증 : 유전자에 결함이 생겨 나타나는 질환으로, 주로 폐와 소화기관에 영향을 미친다.

멘델의 유전법칙은 생전에는 그 진가를 인정받지 못하다가 20세기 초에 학문적 의의가 재조명되며 '유전학'이라는 혁명적인 학문을 탄생시키는 밑거름이 되었다. 멘델의 이론은 진화론, 생화학, 의학, 농학을 비롯한 여러 학문에 지대한 영향을 미쳤을 뿐만 아니라 유전공학 같은 현대 과학 발전의 초석을 다지는 데 큰 공헌을 했다.

토머스 헌트 모건
바버라 매클린턱

학문의 신기원, 유전학

그레고르 멘델에 이어 유전학 발전에 기여한 인물이 있다. 초파리 실험으로 유전의 염색체설을 발전시키는 데 기여한 미국의 생물학자 토머스 헌트 모건Thomas Hunt Morgan, 1866~1945이다. 모건에 의하면 유전자는 염색체라는 실처럼 가는 단백질 구조 내에 존재하는 물리적 실체다. 한편 감수분열이 일어나는 동안 염색체의 단편들이 서로 교환되는데, 이를 '유전자 재조합'이라고 한다.

토머스 헌트 모건

유성생식을 하는 생물이 유전자의 다양성을 유지하려면 유전정보의 재배열이라는 과정을 반드시 거쳐야 한다. 쉬운 예로 한 부모에서 태어난 자녀라도 모두 유전자가 다르다. 유전정보가 재배열되기 때문에 변이 현상이 일어나고, 이런 과정이 있어야 자연선택에 의해 새로운 유전자 조합이 생성될 수 있다. 간단히 말해 유전정보는 개인의 환경에 맞춰 재배열된다. 반면 무성생식을 하는 생물들에게는 유전정보를 재배열하는 과정이 아무런 도움이 되지 않는다. 대신 이들은 주기적으로 돌연변이를 일으켜 환경의 급속한 변화에 대응한다.

여기서 멘델이 놓친 부분이 하나 있다. 멘델의 제2법칙인 독립법칙에 의하면, 분리법칙에 의해 물려받은 형질들은 서로 영향을 주지 않고 독립적으로 유전된다. 그런데 모건의 연구에 의하면 동일한 염색체에서 가까이에 함께 몰려 있는 유전자들연관유전자은 함께 유전될 수 있다. 즉 독립법칙에도 예외가 있다는 말이다. 가족 대대로 색맹

바바라 매클린턱

이 나타나는 이유도 이 연관유전자와 관련이 있다.

모건이 연관유전자를 발견하고 20년 후 위대한 유전학자가 또 하나 나타났다. 옥수수의 유전물질만 집중적으로 연구한 것으로 유명한 미국의 유전학자 바버라 매클린턱Barbara McClintock, 1902~1992이다. 매클린턱은 옥수수의 부모 세대와 딸 세대의 염색체를 비교했는데 이상하게도 염색체의 일부 위치가 바뀌어 있었다. 이는 분명 염색체에 유전자의 위치가 정해져 있다는 기존 이론과 어긋나는 현상이었다. 전이인자transposable element[3], 즉 도약유전자jumping genes가 염색체에 저장되어 있는 유전자의 명령에 관여해 돌연변이나 지속적인 변화를 일으킨 것이다.

그런데 매클린턱의 연구가 선구적이라는 평가를 받는 이유가 있다. 염색체 구조에 변화가 생기면 정상적인 발달과 기능을 통제하는 세포 내 명령 체계도 영향을 받고, 이로 인해 암 같은 질병이나 건강상 문제가 발생할 수 있다는 사실 때문이다.

3 전이인자 : DNA상의 어떤 부위에서 다른 부위로 이동하는 능력이 있는 DNA 단위.

프란시스 크릭
제임스 왓슨

DNA의 미스터리를 풀다

DNAdeoxyribonucleic acid, 디옥시리보핵산의 존재는 1871년 스위스의 생물학자 요하네스 프리드리히 미셔Johannes Friedrich Miescher, 1844~1895가 처음 발견했다. 그러나 생명체에 반드시 필요한 DNA의 분자 구조는 이후 80년 동안 미스터리로 남아 있었다. DNA 분자는 염색체를 구성하고 있는 주 성분으로, 동식물 세포의 핵에서 발견되고 생물의 유전정보를 저장할 수 있는 기능을 갖추고 있다. 유전자는 DNA의 일부인 셈이다.

이후 많은 학자들이 DNA의 구조를 밝히기 위한 경쟁에 뛰어들었다. 1950년대 초반 영국의 물리학자 프란시스 크릭Francis Crick, 1916~2004과 미국의 유전학자 제임스 왓슨James Watson, 1928~도 이 대열에 합류했다. DNA 분자는 염기nucleotide, 뉴클레오티드라는 단순한 단위로 구성되어 있고, 아데닌·시토신·구아닌·티민이라는 네 종류로 나뉘며, 구아닌과 시토신의 양이 같고 아데닌과 티민의 양이 같다는 사실까지는 이미 밝혀진 상태였다.

프란시스 크릭

그래서 크릭과 왓슨은 아데닌·시토신·구아닌·티민의 구조를 찾기 위해 마분지 모형을 만들어 이런저런 방법으로 짜맞추어보았다. 그리고 얼마 지나지 않아 왓슨은 이 네 가지 염기에는 짝이 정해져 있다는 사실을 발견했다. 아데닌의 짝은 티민이고 시토신의 짝은 구아닌이었다.

사실 두 사람이 DNA의 구조를 발견하는 데 결정적인 단서가 된 것이 있었다. 로잘린드 프랭클린Rosalind Franklin, 1920~1958이 찍은 DNA의 엑스선 사진이었다. 크릭과 왓슨의 친구인 모리스 윌킨스Maurice Wilkins, 1916~2004가 프랭클린에게 알리지 않은 채 두 사람에게 이 사진을 보여주었고, 사진을 판독해보니 DNA는 이중나선 구조였다. 그리고 크릭과 왓슨은 다음과 같은 결론을 내렸다. 염기쌍은 2개의 평행한 가닥으로 이루어져 있으며, 살짝 비틀어져 이중나선 구조를 띤다. 그리고 이 염기쌍들은 사다리의 단처럼 2개의 띠가 연

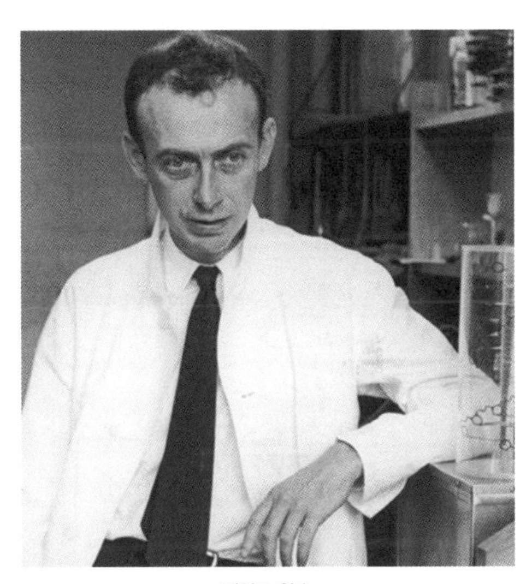

제임스 왓슨

결된 모습을 하고 있다.

1953년 이들이 발표한 DNA 모형에는 한 세대에서 다음 세대로 전달되는 유전정보를 복제하고 전달하는 메커니즘이 설명되어 있었다. 한 가닥에 있는 염기 서열은 세포분열을 하는 동안 새로이 상보적인 가닥을 조합하는 데 필요한 원형의 역할을 하고, 염기는 이러한 특정한 방식으로만 쌍을 이룰 수 있다.

1980년대에 왓슨은 인간게놈프로젝트HGP, Human Genome Project의 총책임자가 되었다. 세계적인 규모의 대형 공공 프로젝트인 인간게놈프로젝트의 목표는 인간의 유전자 코드를 해독하는 것이다. 인간게놈프로젝트와 미국의 유전학자이자 사업가인 크레이그 벤터Craig

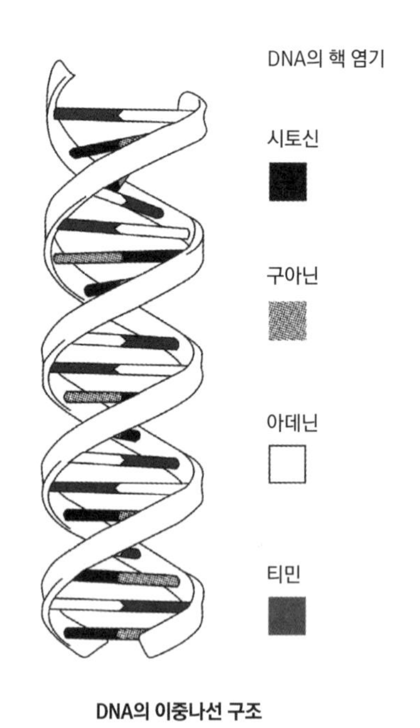

DNA의 이중나선 구조

Venter, 1946~가 설립한 셀레라 제노믹스Celera Genomics의 민간 프로젝트는 2000년 공동으로 게놈 서열의 초안을 발표한 데 이어 2003년에는 완성된 게놈 지도를 발표했다. 드디어 인간의 게놈, 인간의 세포 하나에 있는 유전자 코드를 나타내는 30억 개의 DNA 문자와 서열이 해독된 것이다. 현재 인간의 게놈에는 대략 2만~2만 5,000개의 유전자가 있는 것으로 알려져 있다. 이는 침팬지보다 조금 더 많은 수치다.

이것은 특정 개인의 게놈이 아니라 익명의 기부자한테서 받은 게놈을 종합해 분석한 결과다. 또한 모든 인간의 유전자 서열이 다르다는 사실이 밝혀짐으로써 유전자 지문 제작이 가능해졌다. 1980년대 이후 유전자 지문은 법의학 분야에서 신원을 확인하는 유용한 도구로 활용되고 있다.

폴 버그

위험한 유전학

미국의 분자생물학자이자 생화학자인 폴 버그Paul Berg, 1926~는 생물의 유전물질을 다른 생물의 게놈에 인공적으로 삽입하는 법을 발견했다. 드디어 유전공학의 시대가 열린 것이다. 그러나 유전공학은 다방면에 널리 활용되고 있는 것만큼 논란도 많은 분야다.

1970년대에 버그는 건강한 세포가 암세포로 변하는 원인을 연구 중이었다. 버그는 암이 유전자와 세포의 생화학 상호과정 중에 생긴 문제로 인해 발생한다고 생각했고, 이를 확인하기 위해 암 유전자를 박테리아 같은 단세포생물에 직접 삽입하는 실험을 시작했다. 문제는 박테리아에 유전자를 삽입하는 것이었다. 그러다 문득 박테리오파지bacteriophage 같은 바이러스가 박테리아에 감염된다는 사실이 떠올랐다. 박테리오파지처럼 정상적으로 박테리아에 감염될 수 있는 유전물질과 유전자를 결합시킬 수만 있다면 유전자 삽입도 가능할 것이다.

먼저 버그는 원숭이에게 암을 유발하는 바이러스SV40와, 실험실이나 주변에서 쉽게 발견할 수 있는 대장균Escherichia coli을 가지고 실험을 시작했다. 이때 버그가 사용한 방법이 절단한 다음 이어붙이는 것방송 편집 방식처럼이었다. 먼저 버그는 박테리오파지의 이중나선 구조에서 이중가닥이 있는 정확한 위치를 찾아 효소를 이용해 절단했다. 그리고 한 가닥만 삽입된 단편을 넣기 위해 다른 효소를 골랐다. 이와 유사한 방법으로 원숭이 바이러스SV40의 DNA 단편도 처리한 다음 이것을 긴 점착성 말단sticky end에 이어붙였다. 여기서 혼성 재조합 DNA 분자가 발현되면 분자 2개를 결합시키는 데 성공한 것이다.

폴 버그

그런데 이 중대한 시점에서 버그는 돌연 연구를 중단했

다. 대장균은 다른 종류의 박테리아와 유전물질을 교환할 수 있었다. 문제는 이중에 인간에게 질병을 유발할 수 있는 박테리아가 있다는 것이다. 박테리아가 삽입된 혼성 DNA에서 박테리아가 빠져나가거나 확산될 가능성이 있었고, 이런 일이 현실이 된다면 어떤 일이 벌어질지 예측할 수 없었다. 크나큰 의학적 재앙이 벌어질 가능성도 배제할 수 없었다.

1974년 버그는 유전공학의 위험성을 예측할 수 있게 되기 전까지는 모든 연구를 중단하겠다고 공식 선언했다. 이듬해 전세계 과학자 100명이 모인 가운데 유전공학 연구의 가이드라인이 제정되었다. 또한 실험실을 탈출했을 때 인체 내에서 생존할 가능성이 있는 유전자 조작 생물과 관련된 실험을 모두 중단할 것을 선언했다.

유전자 치료, 그리고 특히 논란이 많은 유전자 조작 식품은 DNA 재조합 기술의 성과 중 하나다. 인슐린, 인체생장호르몬개인의 성장을 조절하는 호르몬, 항생제 등 DNA 재조합 기술은 다방면에 활용되고 있다.

버그는 생화학과 유전공학 발전에 남긴 업적만으로도 충분히 위대한 학자다. 그러나 버그의 가장 큰 업적은 과학자로서 책임의식을 몸소 실천해 보이며 다른 과학자들에게 귀감이 된 것이다.

시드니 올트먼

RNA의 촉매 작용

캐나다계 미국인 분자생물학자 시드니 올트먼Sidney Altman, 1939~은 RNA의 촉매 작용을 밝힌 학자다. 당시 학자들은 대부분 RNA ribonucleic acid, 리보핵산 같은 핵산에는 효소 생성을 촉진시키고 DNA에서 받은 유전정보를 단순히 전달하는 기능만 있는 줄 알고 있었다. RNA가 아니라 효소가 세포 내의 필수적인 화학적, 생물학적 반응을 촉진시키는 역할을 담당한다고 본 것이다. 그러나 다른 학자들과 달리 올트먼은 DNA, 즉 유전정보가 살아 있는 세포에 전달되어 한 생물의 성장 프로세스를 지휘하는 메커니즘이 명확하지 않다고 여겼고, 이를 연구의 출발점으로 삼았다.

시드니 올트먼

연구 끝에 올트먼 연구팀은 드디어 RNA 자체가 생화학적 과정에서 촉매 역할을 한다는 결정적인 증거를 찾아냈다. 한마디로 RNA도 효소처럼 작용할 수 있었다.

이후 올트먼과 토머스 체크Thomas Robert Cech, 1947~는 생명체의 기원과 발달을 밝히는 데 이바지했다. 이외에도 핵산이 유전정보와 효소의 역할을 하는 것과 동시에 생명체를 구성하는 기본 요소라는 사실도 입증했다.

RNA가 촉매 작용을 한다는 것을 발견한 것은 의학적으로 큰 의미가 있는 사건이다. 머지않아 유전물질의 감염된 부분이나 비정상적인 서열을 효소로 잘라내 암이나 에이즈 환자의 고통을 덜어주고 치료할 수 있는 날이 올 것이다.

레이첼 카슨

환경을 위해 싸우다

미국의 생물학자이자 생태학자이고 과학저술가인 레이첼 카슨 Rachel Carson, 1907~1964은 단 한 권의 책으로 전세계적인 환경운동을 시작하게 만든 사람이다. 카슨은 1962년 《침묵의 봄Silent Spring》을 발표하며 살충제로 인한 환경오염이 생태계에 끼치는 영향이 심각함을 처음으로 세상에 알렸다. 이 책에 담긴 강력한 메시지는 자연보호와 야생동물보호 단체들에 경종을 울리며 신세대 환경운동가들에게 많은 영향을 주었다.

카슨은 살충제가 잡초뿐만 아니라 곤충과 동물까지 죽여서 다른 종들의 먹이사슬에도 악영향을 미치며, 때로는 해당 지역의 모든 곤충, 조류, 야생동물을 죽이고 토양에 잔류해 지속적으로 영향을 미친다는 사실을 처음으로 지적한 학자다. 카슨은 화학제를 살생물제

biocides라고 불렀고, 1940년대 이후 해충 혹은 잡초를 제거하기 위한 목적으로 개발된 화학제가 200개 이상이며 미국 전역에 널리 퍼져 있다는 사실을 확인했다.

전인적 사상의 선구자인 카슨은 인류는 자연의 일부이며 환경파괴적인 관행이 인류는 물론이고 다른 종들의 건강까지 해칠 수 있다는 점을 강조했다. 또한 카슨은 살충제가 인간의 먹이사슬을 연쇄적으로 오염시킨다는 증거를 제시했다.

그러나 카슨은 무턱대고 농촌의 농약 사용을 반대한 것은 아니다. 새로 개발된 살충제가 장기적으로 미치는 영향이 어떤지 모르는 상태에서 무분별하게 대량으로 살포하는 것은 과학적으로나 윤리적으로 잘못된 행위라고 주장했을 뿐이다. 또한 카슨은 바다에 핵폐기물을 투기하는 행위는 핵폐기물이 장기적으로 어떤 영향을 미칠지 연구가 부족한 탓에 벌어지는 일이며, "현재의 실수가 미래에 영향을 미칠 것"이라고 경고했다.

살충제에 관한 카슨의 연구는 정부 정책에도 영향을 주었다. 정부 차원에서 환경문제를 진지하게 검토해야 한다는 국민적 논의가 일어났고, 그 성과로 1963년 미연방자문위원회는 무분별한 농약 사용으로 인한 잠재적인 유해성 연구에 착수했다.

이후 미국에서 DDT를 포함한 일부 살충제 살포가 금지되었고, 다른 국가에서도 DDT 사용을 제한하기에 이르렀다. 카슨이 벌인 환경운동의 영향으로 미국환경보건국이 설립되었다. 또한 국민의 환경의식을 개선하기 위한 환경 개념도 최초로 도입되었다. 그중 '에코 시스템' 같은 몇몇 개념은 지금도 자주 사용되고 있다.

레이첼 카슨

Rachel Carson

(1907~1964)

레이첼 카슨은 펜실베이니아 주의 스프링데일이라는 작은 강변도시에서 자연의 아름다움을 즐길 줄 아는 어머니의 영향을 받으며 자랐다. 원래 카슨은 해양생물학자였으나 진로를 바꾸어 생태학자의 길을 걷게 되었다. 카슨에게 연구는 평생의 즐거움이자 취미였다.

카슨은 영문학을 전공했지만 졸업 후 다시 동물학을 공부했다. 이후 미국 국립해양어업국에서 근무하다가 어류·야생동물관리국으로 자리를 옮겼다. 카슨은 어류·야생동물관리국에서 자신의 능력을 유감없이 발휘하며 여성 출신 정교수 2호 자리까지 올랐다.

그러나 카슨은 이처럼 안정된 직장을 단칼에 그만두고 《침묵의 봄》 집필 작업에 들어갔다. 《침묵의 봄》은 전세계 공장지대와 농촌지역의 오염이 얼마나 심각하고 위험한지 알린 책이다. '부자연스럽게 조용한 지역'이라는 뜻에서 지은 제목은 인공적인 화학 살충제가 가져올 암울한 미래를 암시하고 있다.

카슨은 모든 미국인들이 과학의 힘을 맹신하던 시절에 살았다. 그러나 과학적인 프로세스가 오히려 환경을 파괴하고 이로 인한 충격이 배가될 것이라는 사실을 일찍이 깨닫고 있었고 이에 대한 여러 가지 증거를 제시했다.

환경오염과 인간 건강의 상관관계에 처음으로 과학적으로 접근한 사람도 카슨이었다. 그런데 아이러니하게도 환경오염의 심각성을 경고한 카슨은 유방암으로 세상을 떠나고 말았다. 이후 환경오염이 암의 발병 요인이 될 수 있다는 사실이 밝혀졌다.

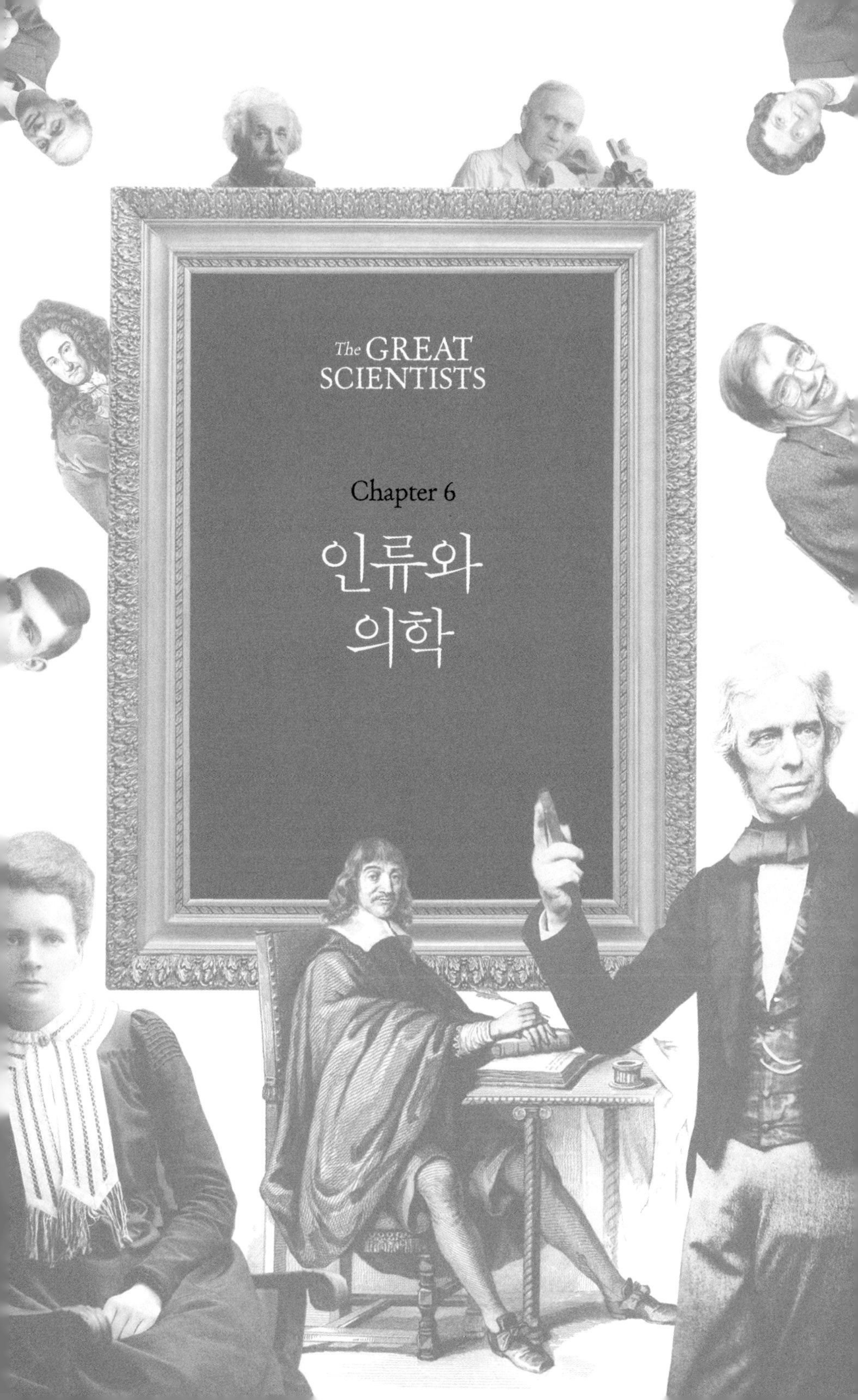
The GREAT SCIENTISTS
Chapter 6
인류와
의학

선사 시대 사람들은 서로 얼굴을 맞대고 영적 의식을 치르거나 주술사에게 의지해 치료를 받았다. 이런 의식들은 유용한 치료법이나 약용식물에 관한 지식을 후손들에게 물려주는 방법이었는지도 모른다. 육체적 의례를 표현하는 행위인 매장 풍습은 그들이 인간의 골격 구조와 내장 기관에 대해서 얼마나 알고 있었는지를 확인할 수 있는 흔적이다. 그중에는 외과수술을 한 흔적도 있다. 천두술은 두통이나 정신질환을 완화하기 위해 두개골에 구멍을 뚫는 치료법으로, BC 1만 년경부터 실시된 것으로 보인다.

중국과 인도에는 일찍이 의술 체계가 갖추어져 있었다. 그러나 기록상으로 의술의 역사가 가장 오래된 지역은 고대 이집트다. 고대 이집트에서는 질병을 영적으로 치료하는 방법이 특히 발달한 것으로 보인다. 이러한 영적 치료에 영향을 받은 고대 그리스에서는 신체를 제어하는 핵심 기관이 심장이 아니라 뇌라고 생각했다.

시간이 흘러 로마제국이 몰락하면서 유럽은 암흑시대에 접어들었다. 유럽의 의술은 교회에서 인체 해부를 금지하면서 급격히 침체기로 빠져들었고, 이러한 악조건 속에서도 끊임없이 연구하면서 의술 발전을 위해 고군분투한 외과의사들이 있었다. 더불어 고대의 과학과 의학 지식이 아랍 세계를 통해 유럽으로 재전파되었다. 한편 중세 의학에 새 시대가 열릴 것을 예고하는 사건이 있었다. 바로 질병을 일으키는 원인이 세균이라는 사실을 발견한 것이다.

고대 이집트

역사상 최초의 의술

파피루스 기록에 의하면 고대 이집트에서는 BC 1800년경에 이미 의술이 시행되고 있었고 그 수준이 감탄할 정도로 높았다고 한다. 호메로스의 《오디세이Odyssey, BC 700》에는 "이집트인들은 다른 어떤 예술보다 의술에 뛰어나다"는 기록이 있다. BC 440년경 이집트로 여행을 떠난 그리스의 역사학자 헤로도토스 역시 이집트 의사들의 실력이 뛰어나 다른 나라의 통치자들도 이들을 많이 찾는다고 했다.

이집트인들은 신이 생명의 창조주이자 통치자라고 믿었고, 나일강을 봉쇄하면 수확에 손실이 생기듯 사악한 신들이 인체의 통로를 막아서 질병을 일으킨다고 생각했다. 또한 이집트인들은 인체의 통로는 공기, 물, 혈액을 실어나르고 심장과 함께 신체의 중심인 것으로 보았다. 그리고 이집트인들은 심장에 지적 능력이 존재하기 때문에 시신 처리도 중요하다고 생각했다. 미라에 방부 처리를 하는 사람들은 망자의 사후세계를 준비하는 의미에서 사체에 심장을 남겨두었다. 그러나 뇌는 남겨두지 않고 철사 고리를 코 속으로 넣어 뇌를 제거하고 두개골에 남은 잔여물을 헹궈냈다.

한편 치료사들은 인체 통로의 폐색을 치료하는 기술을 배웠다. 이들은 환자를 진찰하고 진단을 내린 뒤 치료하거나 조언을 해주었다. 인체 통로에 폐색이 있는 환자에게는 완화제를 처방하고 건강을 위해 균형 잡힌 식사를 권했다. 당시 치료사들이 한 치료는 대부분 비효율적이었다. 예를 들어 곰팡이 균을 이용한 치료는 환자에게 감염을 일으킬 위험이 있었으나 그래도 어느 정도 치료 효과는 있었다.

이집트의 치료사들은 골절된 뼈를 치료하고, 피부를 꿰매고, 붕대를 감아 상처를 처치하는 법까지 알고 있었다. 물론 당시에는 허브 성분의 소독제밖에 없었기 때문에 외과수술은 상당히 위험했고 통증은 말할 것도 없었다.

알크메온 히포크라테스

이성의 학문, 고대 그리스의 의학

고대 그리스인들은 이집트에서 전래된 의학 지식에 자신들의 사상을 접목시켜 고유의 의학 체계를 발전시켜나갔다. 크로톤의 알크메온Alcmaeon, BC 5세기경 활동은 초기 해부학의 선구자였다. 알크메온은 동물 해부를 통해 뇌가 감각을 통제할 뿐만 아니라 인간의 감각과 사고가 뇌에서 시작된다는 사실을 발견했다.

히포크라테스Hippocrates, BC 460경~BC 370경는 인류 최초로 질병의 증상과 종교·마법·미신을 분리하며 '의학의 아버지'라는 타이틀을 얻은 학자다. 히포크라테스는 질병은 환경 때문에 생기고, 몸에 나타나는 증상은 인간의 신체가 질병에 대항하는 자연적인 반응이라고 믿었다. 한편 히포크라테스는 인간의 생명을 지키기 위한 의사의 행실, 전문성, 책임감에 관한 지침을 제시했는데, 이 사상은 현대 의학도들이 하는 '히포크라테스 선서'의 바탕이 되었다.

코스 섬 출신인 히포크라테스는 고대 그리스 전역을 다니며 환자들을 진료하고 사람들에게 의술을 가르쳤다. 당시 고대 그리스 사람들 사이에서는 신에게 벌을 받아 병이 생긴다는 사상이 만연했다. 히포크라테스는 질병은 신체

알크메온

체액이 불균형해서 나타나는 현상이라고 가르치며 그리스인들의 미신적인 사고를 깨우치고자 노력했다. 히포크라테스는 '4체액설'을 주장하며 이렇게 말했다.

"인간의 몸속에는 혈액, 점액, 흑담즙, 황담즙이 있다. 인간은 이 네 가지 체액 때문에 병에 걸릴 수도 있고 건강을 유지할 수도 있다. 이 네 가지 체액이 적절한 균형 상태에 있고 잘 어우러졌을 때 사람은 자신이 가장 건강한 상태에 있다고 느낀다. 병은 이 네 가지 체액 중 한 가지의 양이 지나치게 많거나 줄어들었을 때, 아니면 완전히 사라져버렸을 때 생긴다."

히포크라테스는 질병이 진행되는 동안 환자의 자연치유력으로 몸이 균형을 되찾거나 질병이 재발할 수 있으며, 그 임계점이 사람의 몸 안에 있다고 생각했다.

한편 히포크라테스는 의사들에게 청결 유지, 철저한 자기관리, 정직성, 환자에게 친절한 태도, 침착성, 이해하려는 마음가짐, 진지한 태도 등을 강조했으며, 조명·직원·장비·기술에 관한 지침도 철저히 지키는 것은 물론이고, 명확하고 정확한 진료 기록을 남겨야 한다고 했다. 이러한 히포크라테스의 지침은 오늘날까지도 적용되고 있다.

고대 그리스의 의학은 크니도스학파와 코스학파로 나뉜다. 크니도스학파에서는 인간의 신체 상태를 추측해 진단을 내렸기 때문에 오진율이 높았다. 당시 그리스에서는 인간의 신

히포크라테스

체를 해부하는 행위가 금지되어 있었기 때문에 해부학과 생리학에 관한 지식이 거의 없었다. 반면 히포크라테스가 속한 코스학파에서는 환자 치료에 있어서 일반적인 진단, 질병의 진행 추이, 그리고 철저한 휴식 등 비외과적 치료를 강조했고 치료 효과도 높았다.

갈레노스

로마 시대의 해부학

갈레노스Galenos, 129~216경는 로마제국 시대에 의학의 표준을 마련한 인물이다. 갈레노스는 로마제국의 영토이던 고대 그리스 도시 페르가몬현재 터키의 베르가마에서 살았다. 이후 페르가몬이 2세기 지중해 지역에서 의학의 중심지가 되면서 갈레노스의 신체관은 17세기까지 중동과 유럽을 지배했다.

히포크라테스의 4체액설을 수용한 갈레노스는 자신의 이론을 덧붙여, 체액이 불균형해졌을 때 문제가 생기는 신체의 특정한 기관이나 위치를 정확하게 찾아냈다. 갈레노스의 이론은 의사들에게는 정확한 진단과 처방을 내리는 데, 환자들에게는 건강의 균형을 찾는 데 유용했다.

해부학 지식이 의학의 기초라고 여긴 갈레노스는 해부학 연구에 대부분의 시간을 보냈다. 그러나 당시 인간의 사체를 해부하는 행위는 로마법으로 금지되어 있었다. 대신 갈레노스는 돼지, 양, 원숭이 등의 동물을 해부했는데, 당연히 한계가 있었다. 예를 들어 자궁이 개에게만 중요한 기관이라고 하는 등, 말도 안되는 소리를 할 때도 있었다.

갈레노스는 직접 돼지의 척수를 자르고 후두신경을 단단히 묶어서 뇌가 목소리를 통제하는 방식을 알아냈으며, 요관을 묶는 실험으로 방광과 신장의 기능을 확인했다. 그래서 갈레노스는 신체 시스템은 뇌와 신경, 심장과 동맥, 간과 정맥이 각각 연결되어 있고, 각 부위별로 담당하고 있는 기능이 있다는 결론을 내렸다.

갈레노스는 단 한 번도 새로운 시도를 겁낸 적이 없었다. 과감하게 뇌와 눈까지 수술했는데, 긴 바늘을 이용해 백내장 제거 수술도 했다고 한다. 고대부터 전해져 내려오는 이 기술은 수정체낭만 손상되지 않으면 그 효과가 상당히 뛰어났다. 그러나 눈을 못 쓰게 되거나 심각한 감염이 발생하기도 했다. 그런데 놀라운 사실은, 이 수술이 수정체에 관한 정확한 해부학적 지식은 말할 것도 없고 수정체의 기능과 위치조차 모르는 상태에서 이루어졌다는 것이다. 물론 갈레노스는 다른 의사들에 비해 탁월한 의술과 지식을 가지고 있었고, 히포크라테스의 지침을 준수하며 의술을 실시했다.

9세기에는 갈레노스의 저서 중 다수가 아랍어로 번역되어 아랍 의학 발전에 영향을 주었다. 이후 아랍의 의서들이 라틴어로 번역되어 유럽에 전파되기 시작하면서 유럽 의학이 침체기에서 빠져나왔다. 한편 갈레노스는 사혈을 만병통치라고 생각하며 강조했는데, 갈레노스의 영향을 받아 유럽 의학에서는 1800년대까지 사혈을 중시하는 풍토가 이어졌다. 또한 지금도 건강 상태를 점검할 때 기본적으로 맥박을 확인한다. 이 맥박 확인을 처음 도입한 사람도 갈레노스였다.

갈레노스가 세상을 떠나고 1,000년이 넘는 시간이 지났으나 중세 유럽에서는 그때까지도 인간의 신체를 해부하는 것이 금지되어 있었다. 그러나 이탈리아의 천재 학자 레오나르도 다 빈치에게만은 피렌체와 로마의 병원에서 인간의 사체를 해부할 수 있는 특권이 주어졌다. 그래서 레오나르도 다 빈치의 명작에는 사람들이 모르는 인체의 해부학적 디테일이 표현되어 있었다. 이 작품들이 널리 전파되었다면 중세의 과학과 의학이 더 빠르게 발전했을 것이다. 아쉽게도 당시 유럽의 의학 수준은 너무 낙후된 상태라 레오나르도 다 빈치의 수준을 쫓아갈 수 없었다. 인체 해부와 신체 기능에 관한 지식이 의학에 실질적인 영향을 미치기 시작한 것은 그로부터 200년 후의 일이다.

갈레노스

Galenos

(129~216경)

갈레노스는 부유한 건축가의 아들이었다. 그래서 치료의 신인 아스클레피오스를 모시는 유명한 사원이 있던 페르가몬에서 최고의 의학 교육을 받을 수 있었다. 이후 갈레노스는 검투사 학교에서 주치의로 일하면서 개방창과 심리적 트라우마에 대해 많은 것을 배웠다.

갈레노스는 영리하고 야망이 넘치는 사람이었다. 162년 로마로 향한 갈레노스는 마르쿠스 아우렐리우스, 코모두스, 셉티미우스 세베루스 황제의 주치의로 활동했다.

라제스

아랍 의학의 황금기

로마제국 몰락 후 유럽이 쇠퇴일로를 걷고 있던 반면, 이슬람 국가들은 학문·문화·경제 발전의 황금기를 누리며 나날이 번성했다. 당시 이란에는 라제스Rhazes, 854~925경라는 의사가 있었다. 라제스는 고대 그리스의 명의인 히포크라테스의 권위에 서슴지 않고 도전할 정도로 강단 있는 인물이었다. 게다가 이슬람 세계의 히포크라테스라고 불릴 정도로 유능했다.

라제스는 질병이 마법, 운명, 초자연적인 힘이 아니라 장기의 문제 때문에 생긴다는 사실을 입증하는 업적을 세웠을 뿐만 아니라, 최초로 소아기 질병에 대한 저서를 발표하며 '소아의학의 아버지'라는 별명을 얻었다.

처음에 라제스는 보석상이나 환전상이 되려다가 음악가와 연금술사가 되었다. 그러나 연금술 실험을 하다가 얼굴 쪽으로 폭발 사고가 일어나는 바람에 시력에 손상을 입고, 30세라는 늦은 나이에 당시 학문의 중심지인 바그다드에서 의학과 철학 공부를 시작했다. 그리고 얼마 지나지 않아 100권 이상의 의서를 펴낼 정도로 유능한 의사가 되었다. 의사가 된 후에도 라제스는 계속 연금술에

라제스

관심을 가졌다. 당시는 연금술이 아직 자연과학으로 인정받던 시절이었으며, 특히 연금술을 통해 익힌 경험주의적 연구방식이 의술에도 도움이 되었다.

한편 천연두와 홍역이 다른 질병이라는 사실을 최초로 발견한 것도 라제스의 업적이다. 통찰력이 뛰어난 라제스는 열이 감염을 막기 위한 신체의 방어 메커니즘이라는 사실을 알고 있었다. 또한 라제스는 최초로 수술 부위를 동물의 내장으로 봉합하고 구운 석고를 깁스로 사용했다고 알려져 있다. 게다가 라제스는 의료 윤리와 환자들이 특정한 의사만 신뢰하는 이유를 처음으로 논한 의사 중 한 사람이었다.

라제스가 살던 시절에는 환자에게 질병 치료법을 설명하기가 쉽지 않았다. 이에 얽힌 일화가 하나 있다. 어느 날 라제스는 관절염 때문에 다리를 못 쓰게 된 왕으로부터 치료를 요청받았다. 이에 라제스는 왕에게 가장 좋은 말을 문 앞에 대기시켜줄 것과, 자신이 도착하기 전에 더운 물로 목욕을 할 것을 지시했다. 그후 도착한 라제스는 갑자기 왕을 향해 칼을 뽑더니 욕을 하면서 죽이겠다고 협박했다. 놀란 왕이 벌떡 일어나서 라제스에게 돌격했고, 라제스는 목숨을 부지하기 위해 문 앞에 대기시켜놓은 말을 타고 줄행랑을 쳤다. 그로부터 한참 후 왕이 건강을 되찾고 자신이 안전하다고 느껴질 무렵 라제스는 왕에게 편지를 보냈다. 그리고 자신의 무례한 행동은 환자의 체액을 부드럽게 하고 환자의 성질에 맞춰 체액이 용해될 수 있도록 하기 위한 치료의 일환이었다고 설명했다.

라제스는 어려운 사람을 보고 그냥 지나치지 못하는 사람이었다.

평생 남을 위해 자선을 베푼 라제스는 가난뱅이로 생을 마감했다. 전해내려오는 일화에 의하면 라제스는 말년에 백내장으로 고생했는데, 평생 너무 많은 것을 보고 살아서 눈으로 보는 것이 지겹다는 핑계를 대며 치료를 거부했다고 한다.

이븐 시나

중동의 의학 교재

이븐 시나Ibn Sina, 980~1037는 중세의 유능한 철학자이자 과학자이고 의사다. 현재 우즈베키스탄의 부하라 출신인 시나가 펴낸《의학정전Canon of Medicine》에는 고대부터 전해내려오는 비법과 메소포타미아와 인도의 의학, 그리고 시나가 발견한 지식이 총망라되어 있다.《의학정전》은 14권으로 된 백과사전식 책으로, 이슬람권과 기독교권 국가에서 모두 표준 의학서로 활용되었다.

시나는 평생 경험주의적 의학의 필요성을 역설하며 진찰, 검사, 증명을 거치지 않은 사람의 이론을 맹신하지 말 것을 주장했다. 이러한 시나의 가치관은 다음 문장에 잘 드러나 있다.

"의학에서는 질병이 발생하는 원인과 건강의 비결을 아는 것이 중요하다. 때로는 건강과 질병의 원인이 뚜렷하게 드러날 때도 있고 감춰져 있을 때도 있으며 증상만 보고 확실히 파악할 수 없는 경우도 있다. 따라서 우리는 건강한 신체뿐만 아니라 질병에 걸렸을 때의 증상도 연구해야 한다."

또한 시나는 몇몇 질병의 전염성, 환경과 식생활이 건강에 미치는 영향, 물이나 흙을 통해서 전염되는 질병, 정신질환을 일으키는 신경계 질환 등 다방면에 걸친 연구를 했다. 게다가 시나는 임상실험에도 찬성하는 진보적인 사고를 갖고 있었다. 시나의 임상실험 원칙은 현재와 동일했다. 시나는 우연한 결과를 보편적인 결과로 착각하는 오류에 빠져서는 안 되고, 실험 대상이 많을수록 정확한 결과를 얻을 수 있다는 사실도 알고 있었다. 그리고 시나는 "어떤 약물에 관해 사자나 말을 대상으로 임상실험을 했을 때 이상 소견이 발견되지 않았다고 해서 인체에도 문제가 없을지는 확실하지 않으므로" 임상실험은 동물이 아닌 인체를 대상으로 해야 한다고 주장했다.

이외에도 시나는 감염 확산 방지를 위한 검역 제도의 필요성을 깨닫고 있었고, 안톤 판 레이우엔훅이 현미경을 이용해 박테리아를 발견한 것보다 600년이나 먼저 미생물의 존재를 예측했다. 시나는 성병, 피부병, 눈의 해부학적 구조, 안면마비, 당뇨병에 대해서도 상세한 기록을 남겼다. 철학적 소양 때문인지 시나는 심리학뿐만 아니라 정신이 신체에 미치는 영향에 관한 연구에도 관심이 많았다.

한편 시나는 사람의 몸에 적어도 한 번은 수술을 한 것으로 알려져 있는데, 그 대상은 친구의 쓸개였다고 한다. 또한 시나는 많은 사람들이 찾는 실력 있는 의사였지만 마음이 따뜻해서 가난한 사람은 무상으로 치료를 해주었다고 한다.

이븐 시나

Ibn Sina

(980~1037)

이븐 시나는 10세 때 코란과 고전 이슬람 경전을 줄줄 외울 정도로 기억력이 뛰어났고 얼마 후에는 선생님들의 실력을 앞섰다고 한다. 타고난 영특함으로 독학으로 의학을 공부해 어린 나이에 부하라 술탄의 병을 치료했다.

격동의 시대를 산 시나는 정치적 불확실성에 많은 영향을 받았다. 중앙아시아에서 이란의 통치자들이 밀려나고 터키 부족이 그 자리를 차지했고, 이후 바그다드의 아바스조 칼리프의 중앙정부가 이란의 지방 통치자들을 통제했다.

999년 부하라가 터키의 침략으로 무너지자 시나는 이란 전역을 전전하며 떠돌이 생활을 했다. 그 과정에서 위험천만한 일도 많았다. 납치당했다 도망친 적도 있었고 체포와 투옥을 피해 은신생활을 했으며 변장하고 도망 다니기도 했다. 이런 험난한 인생 역정 속에서도 시나는 철학 논문을 쓰면서 먹고살 정도로 한 장소에 오래 머문 적도 있었다.

1024년경 시나는 페르시아 이스파한을 다스리는 통치자의 주치의이자 자문으로 발탁되어 여생을 그 곁에서 충성하며 살았다.

이븐 알바이타르
가르시아 드 오르타

식물채집자들

고대와 마찬가지로 중세에도 약의 성분은 대부분 식물성 원료를 이용한 것이었다. 이븐 알바이타르Ibn al-Baitar, 1197경~1248는 이슬람 황금기의 유명한 식물채집자식물학자였다. 알바이타르가 편찬한 백과사전은 약품의 용례와 식물의 특성에 관해 광범위하게 다루고 있었으나 유럽과 중동의 실정에는 잘 맞지 않았다.

알바이타르는 스페인의 말라가에서 태어났다. 원래 알바이타르는 이 지역을 정복하고 이주한 이슬람교도였다. 하지만 이 지역이 기독교도들에게 점령당하자 1224년 이집트에 정착해 그곳의 통치자인 알 카밀의 수석 식물채집자가 되어 팔레스타인, 아라비아, 그리스, 터키, 아르메니아, 시리아 등지를 돌아다니며 식물을 채집했다.

이븐 알바이타르

알바이타르는 식물과 고대의 약품 용례를 달달 외울 정도로 기억력이 뛰어났다. 또한 자신이 가지고 있는 약제들을 끊임없이 테스트하며 실험과 관찰을 통해 새로운 치료법을 찾았다. 알바이타르가 편찬한 《간단한 허브 치료법Book of Simple Herbal Remedies》에는 1,400여 종에 달하는 다양한 식물의 일반적인 특성과 약효가 체계적으로 정리되어 있다. 그리고 개정판에서 알바이타르는 귀, 머리, 눈 등 신체부위별 질병을 기준으로 식물 목록을 정리하고 약품의 치료 효과를 중점적으로 다루었다.

가르시아 드 오르타Garcia de Orta, 1501경~1568는 포르투갈의 르네상스기에 활동한 유대 혈통의 의사다. 포르투갈의 식민지인 인도의 고아에 체류하는 동안 오르타는 식물성 약제를 실험적 접근 방식으로 연구했다. 이때 오르타가 쓴 약초와 약제에 관한 책은 유럽에 인도의 약용식물과 동양의 향신료를 소개하는 계기가 되었다. 아시아형 콜레라소장에 발생하는 감염성 질병를 포함한 열대병에 관한 지식을 유럽에 전파한 인물도 오르타다.

가르시아 드 오르타

한편 중세 유럽에서 수도원은 지식의 보고였다. 수사들은 아랍, 그리스, 로마에서 들여온 고전 작품을 번역하고 필사하느라 늘 분주했다. 이들은 고대 문헌에서 심각하지 않은 질병은 허브로 치료할 수 있다는 사실을 발견하고 정원을 만들어 허브를 재배한 뒤 그 지역의 유력한 의료기관에 납품했다. 마을의 치료사들도 허브 치료법을 처방했다. 이들 중에는 처방하면서 주술과 마법을 걸기도 해 마녀 혐의로 잡혀가는 치료사들도 있었다.

현대 과학자들이 고대 허브 치료법의 효과를 직접 확인해보았다. 2,000년 전 두통을 완화하는 데 사용된 버드나무 껍질에는 실제로 아스피린의 유효성분인 살리신산이 함유되어 있었다. 또한 중세에는 대머리 부위에 양파를 문질러 치료했다고 전해지는데, 이 치료법도 효능이 입증되었다. 한편 1346~1353년에 흑사병이 유럽 전역을 휩쓸며 수많은 생명을 앗아갔다. 흑사병은 해외 상선을 타고 온 이와 쥐를 통해 퍼졌으며 치사율도 높았다. 그러나 이러한 전염병에는 허브 치료가 효과가 없는 것으로 확인되었다.

19세기에는 화학자들이 식물에서 유효성분을 추출하면서 화학약품의 시대가 열렸다. 현대에도 식물에서 유래한 화합물이 사용되고는 있으나, 서양의 표준적인 약물 치료법은 이제 식물과 허브에서 화학약품으로 대체되었다.

에드워드 제너

백신의 선구자

1670년대에 안톤 판 레이우엔훅이 최초로 미생물을 발견했다. 그러나 미생물 혹은 세균이 질병을 일으킨다는 사실이 밝혀진 것은 그로부터 한참 후의 일이다. 감염성 질병의 원인을 밝히고 말겠다는 학자들이 늘어나면서 살아 있는 생물에 대한 연구가 점점 활기를 띠었다.

특히 영국의 외과의사이자 자연주의자인 에드워드 제너Edward Jenner, 1749~1823는 이 분야의 선구적인 인물로 꼽힌다. 제너는 세균과 질병의 관계를 알리는 데 공헌했으며, 제너의 영향으로 접종을 전문적으로 연구하는 '면역학'이라는 분야가 탄생했다.

제너가 살던 시절 천연두는 가장 공포스러운 질병이었다. 영유아의 천연두 감염률과 사망률이 특히 높았으며, 천연두에 걸렸다가 살아남는다고 해도 흉측한 흉터가 남았다. 제너는 호기심이 많고 의학에 대한 본능적인 감을 타고난 사람이었다. 제너는 동물에게 감염되는 우두바이러스가 사람에게만 발생하는 천연두와 관련이 있을 것이고, 이 둘 사이의 관련성만 입증된다면 천연두를 치료할 길이 열리리라고 본능적으로 확신했다.

사실 제너는 우유를 짜는 여자들이 우두 때문에 고생하는데 이상하게도 천연두에는 걸리지 않는다는 이야기를 들은 적이 있었다. 1796년 제너는 이 가설을 8세 소년 제임스 핍스를 대상으로 검증해보았다. 당시 사라 넴스라는 우유 짜는 여인이 소 때문에 우두에 걸렸는데, 사라의 상처에서 추출한 고름을 제임스에게 직접 접종한 것이다. 제너는 막대기를 이용해 사라의 팔에 있는 상처에서 고름을 떼어냈다. 그리고 제임스의 피부를 약간 절개하고 거기에 사라의 고름을 얹어놓았다. 그랬더니 신기한 일이 벌어졌다. 처음에 제임스의 몸에 열과 불편한 증상이 잠시 나타났을 뿐 제임스는 천연두에 감염되지 않았다. 어느 정도 시간이 흐른 다음 이번에는 천연두에서 추출한 물질을 제임스에게 접종했다. 결과는 우두를 직접 접종했을 때와 유사했다. 우두의 면역 효과가 입증된 것이다.

그러나 왕립학회에서는 제너의 연구 결과가 충분히 입증되지 않았다며 수 년 동안 이 혁명적인 발견을 인정하지 않고 미적거렸다. 하는 수 없이 제너는 정부의 허가를 받지 않은 채 환자들에게 우두법을 처방했다. 처방자 중에는 18개월 된 자신의 친아들도 있었다.

그런데 제너보다 20년 전인 1774년, 가족에게 우두를 접종해 효과를 본 사람이 있었다. 벤저민 제스티Benjamin Jesty, 1736경~1816라는 농부였다. 그러나 제너는 제스티와 상관없이 단독으로 우두법을 발견해 그 효과를 실험하고 검증한 것으로 밝혀졌다.

제너의 획기적인 연구 덕분에 1980년 세계보건기구WHO는 천연두가 완전히 퇴치되었다고 공식 선포했다. 사실 어떤 질병이 지구상에서 완전히 사라지는 것은 말처럼 쉬운 일이 아니다. 지금까지 감염성 질병 중 퇴치된 것으로 선포된 질병은 천연두뿐이다. 천연두는 발병할 때 발진이 생기므로 감염 여부를 쉽게 확인할 수 있는데, 이 점도 천연두를 퇴치하는 데 도움이 되었다. 소아마비는 많은 국가에서 사라졌지만 일부 지역에는 여전히 존재한다. 다행히 의학의 발전으로 이러한 감염성 질병들이 지구상에서 완전히 사라질 가능성이 높아 보인다.

에드워드 제너

루돌프 피르호

세포성 질병

독일의 의사 루돌프 피르호Rudolf Virchow, 1821~1902는 질병이 세포에서 발생한다는 이론을 발전시킨 학자다. 피르호가 제자들에게 항상 "미생물 단위로 생각하라!"고 강조하며 현미경 사용을 장려한 것도 이와 관련이 깊다. 피르호는 질병이 세포가 비정상적인 상태에 있기 때문에 생긴다고 보았는데, 이 이론이 발전해 탄생한 학문이 질병의 원인과 영향을 연구하는 '병리학'이다.

피르호는 세포 단위를 연구하는 방식으로 종양학 연구에 선구적인 업적을 남겼다. 피르호는 백혈병혈액암을 최초로 정확하게 진단했을 뿐 아니라 위암을 비롯해 악성 종양들의 유형을 밝혀냈다. 악성 종양의 대표적인 증상 중 쇄골 상방에 위치한 림프절이 확대되는 증상이 있는데, 피르호의 이름을 따서 이것을 '피르호 림프절'이라고 부른다.

1848년에 피르호는 슐레지엔 지역에서 발생한 유행성 장티푸스의 실태를 연구했다. 그런데 피르호는 독특한 분석 결과를 내놓았다. 정치적 자유와 민주주의가 허용되지 않아 국민보건 시스템이 제대로 갖추어져 있지 않고 이 때문에 장티푸스가 확산되었다는 것이다. 이 연구는 실용의학

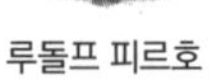

루돌프 피르호

을 입법 조치로 연계시키고자 한 피르호의 사상적 출발점이었다. 이러한 피르호의 사상은 다음 문장에 잘 드러나 있다.

"의학은 사회과학이고, 정치는 대량으로 제공되는 약이다. 의사는 가난한 자들의 대변인이고, 사회 문제는 대부분 의사들이 해결할 수 있다."

피르호의 비전은 확실했다. 피르호는 질병이 가난에서 비롯된다는 사실을 강조하며 불평등한 현실을 개선하고자 노력했다. 결국 피르호는 자신의 비전에 꼭 맞는 '공중보건의 아버지'라는 타이틀을 얻었다.

로베르트 코흐
루이 파스퇴르

미생물의 위험성

로베르트 코흐Robert Koch, 1843~1910는 13명의 자녀를 둔 독일 광산 기사의 아들로 태어났다. 코흐는 혼자 신문을 보며 글을 배울 정도로 영특한 아이였다. 평소 배움을 즐긴 코흐는 질병을 유발하는 미생물을 끊임없이 연구한 끝에 이러한 미생물들을 확인하고 분리하는 데 성공했다.

코흐가 살던 시절에는 마침 유럽에 탄저병이 유행하고 있었다. 염소, 양, 소에 전염되는 탄저병은 가축을 다루는 노동자들에게는 산업재해나 다름없었다. 사실 프랑스의 의사 까지미르 다벤느Casimir Davaine, 1812~1882가 코흐보다 먼저 질병을 유발하는 박테리아인 탄저균의 존재를 언급했다. 그러나 다벤느는 탄저균을 예방하거나 치료할 방법을 제시하지 못했다. 학자들은 탄저균에 감염된 소들은 물론이고, 탄저균에 감염된 소들이 있던 목초지의 풀을 뜯어먹은 소들도 탄저병에 걸리는 이유를 찾지 못하고 있었다.

1875년 코흐는 간균을 분리하고 배양하는 데 가까스로 성공했다. 간균은 산소 결핍 같은 악조건에서 저항력이 있는 내생포자를 만든다. 이 사실을 알고 있었기 때문에 코흐는 간균의 생명주기를 처음부터 끝까지 관찰했다. 포자는 형성에 적합한 조건이 갖추어질 때까지는 휴면 상태에 있다가 적합한 조건이 되면 새로운 간균을 만들어냈다. 이것이 썩어가는 목초지에서 질병이 재발하는 이유였다.

한편 저온살균법을 발견한 것으로 유명한 프랑스의 화학자 루이 파스퇴르Louis Pasteur, 1822~ 1895도 탄저병 때문에 머리를 싸매고 있었다. 파스퇴르는 탄저병에 걸려 죽은 동물의 사체로 오염된 땅에 건강한 동물들이 접근하지 못하도록 조치를 취해야 한다고 농부들에게 조언했다. 그리고 1877년 탄저균 박테리아

로베르트 코흐

가 함유된 백신을 개발하기 시작했다. 파스퇴르는 박테리아의 힘을 약화시키기 위해 준비한 백신을 42℃까지 가열한 뒤 이 백신을 감염된 양들에게 접종했다. 양들은 탄저균에 면역력이 생겼기 때문에 경미한 증상만 앓고 금세 회복되었다.

1882년 5월 5일 파스퇴르는 양을 한 무리 모아놓고 실험을 했다. 양 스물다섯 마리한테만 백신을 접종하고 나머지 스물다섯 마리한테는 백신을 접종하지 않았다. 그리고 26일 후에 쉰 마리의 양 모두에게 초강력 탄저균 박테리아를 주입했다. 이틀 후에 보니 백신을 접종한 양들은 전부 살았고 백신을 접종하지 않은 양들은 전부 죽었다.

이어 코흐는 결핵과 콜레라를 유발하는 미생물을 찾아냈고, 파스퇴르는 광견병 백신을 발견했다. 1885년 파스퇴르는 광견병에 걸린 소년 조제프 메스테르에게 광견병 백신 실험을 했다. 백신을 맞고 10일 후 조제프는 본래의 건강을 되찾았다.

루이 파스퇴르

미생물을 체외에서 배양할 수 있다는 아이디어를 최초로 도입한 사람은 파스퇴르였으나 순수배양 기술을 완성한 사람은 코흐였다. 여기서 잠시 순수배양 프로세스를 살펴보자. 이 프로세스는 여러 종의 미생물이 포함된 샘플을 채취하는 작업부터 시작된다. 샘플에 있는 미생물들로부터 새로운 무균 생장 매체로 유사한 세포들이 이동하고 난 후, 연속으로 표집된 샘플들에서 세포들을 희석하고 분리시킨다. 이 과정은 샘플에 여러 미생물 중 한 종만 남을 때까지 반복된다.

한편 19세기에는 수술을 받은 후 사망하는 환자들이 많았다. 코흐와 파스퇴르는 위생 상태가 좋지 않아서 질병과 감염을 일으키는 미생물들이 환자의 체내로 침투한 것이 사망 원인이라고 생각했다. 1878년 파스퇴르는 프랑스 의학아카데미에서 다음과 같은 내용을 발표했다.

"내가 외과의사가 되는 영예를 얻을 수 있다면, 나는 환자들이 특히 병원에서 모든 물체의 표면에 존재하는 미생물에 노출되도록 내버려두지 않을 것이다. 나는 완벽하게 청결한 도구를 사용할 뿐만 아니라 철저하게 손을 씻고, 불꽃으로 손을 소독하는 일을 귀찮게 여기지 않을 것이며, 130~150℃의 온도로 소독한 천, 붕대, 스펀지만을 사용할 것이다."

이후 이 파스퇴르의 선서는 무균 수술의 기본적인 원칙이 되었다. 무균 수술의 목표는 소독제로 유해 세균을 제거하는 것이 아니라 유해 세균을 수술 공간으로부터 완전히 차단하는 것이다. 수술 전에 반드시 수술 장비를 불꽃에 소독해야 한다는 조언은 외과의사들만을 위한 것이 아니었다. 이는 1886년까지 파스퇴르의 실험실에서는 일상적인 절차였다. 한편 파스퇴르는 세균이 있을까 우려해 유리, 접시, 은 식기류를 식사 전에 냅킨으로 닦은 것으로도 유명하다.

근대의 뇌 치료

뇌 손상과 뇌 질환 치료는 신석기 시대부터 행해졌으나, 근대에 접어들면서 인간의 도전정신을 자극하는 의학 분야로 새롭게 떠올랐다.

프랑스의 철학자 르네 데카르트는 뇌에 대한 해석과 뇌가 작용하는 방식을 복잡하게 다루었다. 데카르트는 신경에는 '동물정기animal spirits'가 있다고 보았으며, 몸과 마음을 분리된 존재로 이해했다. 데카르트는 인간의 신체를 해부하기 위해 교황과 담판을 벌이다가 결국 "영혼, 정신, 감정을 다루는 일을 나는 성직자에게 맡긴다. 나는 육체의 영역만을 주장할 것"이라고 맹세하며 끝을 맺었다고 한다. 그리고 이러한 사고가 발전해 비물리적 정신혹은 영혼은 물질적 육체와 분리되어야 한다는 데카르트의 이원론이 나왔다.

동물정기가 존재한다는 데카르트의 이론이 잘못되었다는 사실을 밝혀낸 사람은 영국의 과학자 리처드 카튼Richard Caton, 1842~1926이다. 1875년 카튼은 개와 원숭이 실험을 통해 뇌에는 전류가 다양한 형태로 존재한다는 사실을 발견했고, 이는 뉴런신경세포의 커뮤니케이션이 전류와 화학신호를 통해 이루어진다는 이론으로 발전했다. 과학자들도 비물리적 정신과 물리적 육체가 만나는 지점, 그러니까 정신과 육체가 상호작용하는 곳을 찾으려 애썼으나 그 비밀을 밝혀내지 못했다. 학자들은 점차 정신은 육체에서 분리될 수 없고 의식은 뇌의 물리적 작용이라고 이해하기 시작했으며, 이러한 사고는 현대 신경과학의 접근 방식으로 정착되었다.

뇌가 작동하는 원리는 뇌 손상 사고를 통해 밝혀질 때가 많다. 1848년 미국의 철도 노동자 피니어스 게이지는 쇠막대기가 뇌를 관통하는 사고를 당했다. 게이지는 기적적으로 살아났지만 이 사고로 인해 좌측 전두엽이 대부분 손상되었다. 그런데 이 사고 때문에 좌측 전두엽이 사람의 성격과 관련이 있다는 사실이 밝혀지면서 우울증과 정신질환 치료법으로 전두엽 절제술이 성행했다. 전두엽 절제술은 전두엽의 연결 부위를 절단하는 시술로, 20세기 초기 정신병원에 입원한 환자들은 다수가 이 시술을 받았다. 한때 정신병원은 이 시술을 받으려는 환자들로 줄을 이었다고 한다. 그러나 1950년대에 들어 여러 논란이 제기되면서 전두엽 절제술은 향정신성 약물 치료로 대체되었다.

한편 동물과 인간의 행동을 실험한 러시아 출신의 심리학자이자 생리학자 겸 외과의사가 있었다. 뇌에 자극이 일어나는 메커니즘을 밝힌 이반 파블로프Ivan Petrovich Pavlov, 1849~1936다. 파블로프는 개한테 고기를 주면 침이 분비되는 반사 반응을 다음과 같이 실험에 적용했고 이를 기록으로 남겼다.[2] 먼저 파블로프는 개한테 음식을 줄 때마다 벨 소리를 들려주었다. 이런 일을 반복하자 재미있는 현상이 관찰되었다. 개한테 음식을 주지 않고 벨 소리만 들려주었는데도 개가 침을 흘린 것이다. 개는 '조건반사conditioned stimulus'를 하도록 학습되어 있었다. 이에 파블로프는 조건반사는 생리적인 사건이 원인이 되어 뇌의 피질에 새로운 반사 경로가 형성되면서 발생한다고

2 개뿐 아니라 배고픈 사람도 아마 맛있는 음식을 보면 입에 침이 괼 것이다.

결론을 내렸다.

뇌의 비밀이 조금씩 풀리고 있었으나 신경계의 경로에 대해서는 그때까지 알려진 바가 없었다. 그런데 이 신경계의 경로를 밝혀내며 신경과학을 창시했다는 평가를 받는 학자가 나타났다. 스페인의 의사 산티아고 라몬 이 카할Santiago Ramón y Cajal, 1852~1934이다. 카할은 이탈리아의 해부학자이자 병리학자인 카밀로 골지Camillo Golgi, 1843~1926가 개발한 염색법을 적용해 뇌 조직에 은 염색을 해서 단일 뉴런을 관찰했다. 뿐만 아니라 카할은 뉴런은 부산물수상돌기와 축삭돌기이 있는 세포체이고, 자극은 부산물을 따라 한 세포에서 다른 세포로 전달된다는 사실을 발견했다.

골지는 신경계가 시냅스를 통해서 다른 세포들과 서로 연결되는 개별적인 뉴런들, 즉 한 세포에서 다른 세포로 전기 혹은 화학 신호를 연결시키는 구조라고 생각했다. 그런데 신경계는 연속적인 단일

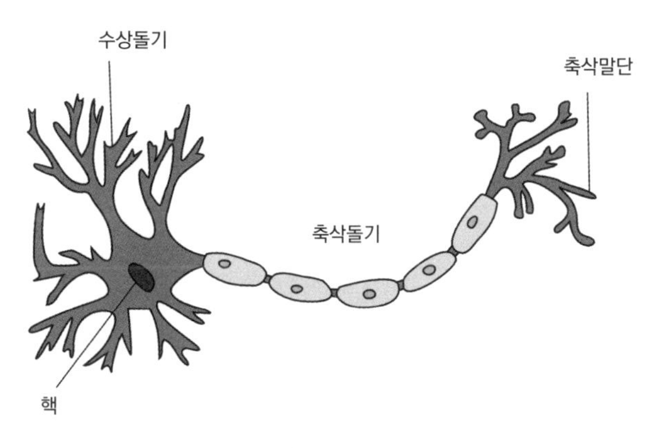

전형적인 뉴런, 즉 뇌세포의 모습

축삭돌기는 시냅스를 통해 한 뉴런에서 다른 뉴런으로 전기 자극을 전달한다. 수상돌기는 다른 뉴런들, 시냅스를 통해 자극을 수용한다. 인간의 뇌에는 은하계에 있는 별보다 많은 수의 시냅스가 존재한다.

네트워크에 배열된 개별적인 뉴런들이 아니었다. 카할의 발견 덕분에 뇌의 회로에 관한 이론이 재정의되면서 뇌와 척수에 발생하는 종양에 관한 연구가 진행되기 시작했다.

이어 1970년대에는 미국의 신경병리학자인 캔디스 퍼트Candace Pert, 1946~2013가 의식에 관여하는 생화학적 기제를 발견했다. 퍼트는 뇌에는 아편제수용체opiate receptor라고 불리는 곳이 있으며, 이곳에서 엔도르핀endorphin[3]과 뇌세포가 결합한다는 사실을 발견했다. 한마디로 우리 몸의 화학물질은 감정과 관련이 있고, 뇌와 몸이 분자 단계에서 이미 하나의 체계로 완전히 통합되어 있다는 사실이 과학적으로 입증된 셈이다. 즉 뇌와 몸은 서로 영향을 주지 않고 별개로 행동하는 것이 불가능하다.

사실 고대 그리스인들과 세계 각국의 토착문화에서는 정신과 육체적 건강 사이의 연관성을 이미 알고 있었다. 20세기 서양 의학은 이러한 연관성을 재정비한 것에 불과하다.

알렉산더 플레밍

인류 최초의 항생제

항생제가 존재하기 이전에는 아주 작은 찰과상도 생명에 치명적

3 엔도르핀 : 신체에서 진통제, 즉 행복감을 느끼게 해주는 약처럼 작용하는 단백질 유사 구조.

일 수 있었다. 실제로 군인들은 부상보다는 상처 부위에 생긴 감염으로 인해 사망하는 경우가 더 많았다. 하지만 1928년 스코틀랜드의 생물학자이자 세균학자인 알렉산더 플레밍Alexander Fleming, 1881~1955이 페니실린에 박테리아를 죽이는 성질이 있다는 사실을 발견하면서 상황이 완전히 바뀌었다. 페니실린은 의학사상 최초의 항생제이자 가장 위대한 발견이었다. 수백만 명의 목숨을 살리는 의학의 황금시대가 열린 것이다.

플레밍은 런던의 성메리병원에서 세균 감염 예방법을 찾던 연구원이었다. 박테리아를 배양한 뒤 이 박테리아들을 화학물질로 죽이거나 약화시키는 백신을 만들어 테스트하는 것이 업무였다. 플레밍이 페니실린을 발견한 것은 우연이었다. 실험실의 페트리접시를 덮어두지 않고 휴가를 떠났다가 돌아온 플레밍은 다양한 종류의 곰팡이가 핀 것을 발견했다. 그중 한 곰팡이가 주변 박테리아를 죽이고 있는 듯한 모습이 플레밍의 눈에 띄었다. 아마 플레밍의 관찰력이 남달랐기 때문에 이 곰팡이가 더 눈에 잘 띄었는지도 모른다.

종자처럼 생긴 곰팡이 포자들은 현미경으로만 관찰할 수 있었다. 곰팡이가 되기 전까지 이 포자들은 공기 중에 둥둥 떠다니기 때문에 생성을 막는 것이 쉽지 않았다. 아무튼 대부분의 학자들은 곰팡이로 오염된 샘플을 폐기했으나 웬일인지 플레밍은 이 샘플들을 보관해두었다. 얼마 후 플레밍은 이 샘플들이 흙, 부패한 과일이나 빵에서 흔히 볼 수 있고 하얀 솜털처럼 자라는 페니실린의 일종이라는 사실을 알게 되었다. 심상치 않은 예감을 느낀 플레밍은 바로 이 곰팡이즙, 즉 페니실린을 추출해 여러 번 실험을 했다. 그래서 페니실린에는 유해한 박테리아를 대부분 죽이거나 성장을 멎게 하는 성분이 있다는 사실을 확인할 수 있었다.

플레밍은 곰팡이즙을 정제해 페니실린을 얻었고 '생명에 저항한다'는 의미에서 항생제antibiotic라고 불렀다. 그러나 플레밍이 순수 페니실린을 추출한 것은 1939년 옥스퍼드의 생화학자인 하워드 플로리Howard Florey, 1898~1968와 언스트 체인Ernst Chain, 1906~1979이 진공동결건조법을 발명한 뒤의 일이다.

플레밍이 발견한 페니실린으로 인류는 사소한 사고 때문에 죽는 위험에서 벗어날 수 있었다. 이 지구상에 페니실린만큼 수많은 생명을 살린 약은 없을 것이다. 현재 흉부감염, 뇌수막염, 결핵처럼 박테리아로 인해 생기는 감염과 질병 치료에 사용되는 항생제만 8,000종이 넘는다.

한편 1946년 플레밍은 몇 가지 유형의 박테리아들이 빠른 속도로 변이를 일으켜 항생제에 내성이 생기는 현상을 발견했다. 이는 주로 복용량이 너무 적거나 투약을 바로 중단하는 경우에 나타났다. 플레밍은 오늘날 말하는 슈퍼버그super bugs가 나타나리라 이미 예측하고 있었던 셈이다. 그리고 항생제는 바이러스를 손상시키지 않기 때문에 일반 감기 같은 감염성 증상에는 아무 효과가 없었다.

플레밍은 페니실린 발견으로 수많은 인류의 생명을 구할 수 있었으나 한사코 특허료를 사양했다. 이에 미국의 한 제약회사에서 플레밍이 과학에 이바지한 공로를 기리는 의미로 10만 달러를 모금했다. 그러나 이번에도 플레밍은 모금액 전부를 의대에 연구기금으로 기부했다.

알렉산더 플레밍

Alexander Fleming

(1881~1955)

스코틀랜드 농부의 아들인 플레밍의 첫 직장은 런던의 선적회사였다. 1901년 어느 날 플레밍은 숙부한테서 거액을 상속받았고, 이후 의사가 되기로 결심하고 의대에 진학했다.

졸업 뒤 플레밍은 런던의 성메리병원 접종과에서 세균학자로 근무하다가 외과의사가 되었고 의학저술가로도 활동했다. 타고난 미적 감각을 지닌 플레밍은 아름다운 색깔과 패턴을 가진 박테리아들을 배양했다. 그리고 이 작업을 '세균 그림'이라고 불렀다. 제1차 세계대전 당시에 플레밍은 동료들과 프랑스 육군 의무부대의 야전병원에 파견되었고, 1918년 전쟁이 끝난 후에는 실험실로 돌아가 세균학 교수가 되었다.

플레밍이 페니실린을 발견한 것은 우연이었다. 가족들과 몇 주간 휴가를 보내느라 실험실을 비워놓은 동안 실험실에서는 놀라운 일이 벌어지고 있었다. 박테리아를 죽이는 곰팡이 균이 자라고 있었던 것이다. 이 사건이 페니실린 발견으로 이어졌다.

플레밍은 소심하고 사람들과 어울리는 것을 좋아하지 않는 사람이었다. 그 때문인지 학회에서 페니실린 발견 사실을 발표하고 프레젠테이션을 했으나 다른 학자들의 호응을 얻지 못했다. 이렇게 위대한 발견은 학자들의 인정을 받지 못한 채 그늘에 가려져 있었다.

그러다 1943년 순수 페니실린 양산이 시작되면서 언론에서 페니실린을 '기적의 약'이라고 홍보했다. 페니실린은 제2차 세계대전 당시 수천 명의 생명을 구하는 데 기여했다.

라이너스 폴링

분자병

제2차 세계대전 이후 미국의 화학자 라이너스 폴링은 거대생체분자large big molecule, 탄화수소 화합물의 구조를 중점적으로 연구하기 시작했다. 이 거대생체분자는 살아 있는 생체를 구성하는 필수 요소였다. 그리고 폴링의 연구는 최초의 분자병molecular disease인 겸상적혈구빈혈의 발견으로 이어졌다.

폴링은 겸상적혈구빈혈이 평범한 원판 형의 적혈구가 겸상으로 꼬이면서 생기는 질병이라는 사실을 이미 알고 있었다. 그래서 폴링은 적혈구 성분 중 하나인 헤모글로빈을 검사하기 시작했다. 1년 후 폴링 연구팀은 놀라운 사실을 알아냈다. 전기장의 전하를 이용하면

라이너스 폴링

헤모글로빈을 분리시킬 수 있다는 것이다. 그리고 겸상 세포의 헤모글로빈 분자가 정상적인 헤모글로빈 분자보다 전하량이 많았다.

분자병은 잠재적으로 사망에 이를 수 있는 질병이다. 그런데 분자병이 분자 구조의 사소한 차이로 인해 발생한다는 사실이 밝혀진 것이다. 이에 많은 학자들의 관심이 분자병으로 쏠렸고 분자병에 관한 본격적인 연구가 시작되었다. 이어 폴링 연구팀이 분자병이 유전된다는 사실을 밝혀내면서 분자의학과 유전학의 연관성이 높아졌다.

폴링은 질병의 분자 구조만 파악하면 분자병을 치료할 수 있다고 믿었다. 분자의학은 현재 의학계에서 급부상하고 있는 학문으로, 현대 의술과 분자화학을 연계해 분자 단계에서 질병을 치료하는 것을 목표로 한다.

폴링은 신체에 "정량의 바른 분자" 상태가 확보되어야 최적의 신체와 정신 건강 상태에 도달할 수 있다고 주장하며 이를 분자교정의학orthomolecular medicine이라고 불렀다. 폴링은 신체의 화학물질이 균형을 이루면 건강 상태를 유지할 수 있는 화학반응이 최적화될 수 있다고 생각했다.

자신의 이론을 입증하기 위해 폴링은 자신의 몸에 직접 임상실험을 해보았다. 예를 들어 폴링은 비타민C를 많이 복용하면 감기에 덜 걸린다는 사실을 확인했다. 이를 주제로 한 폴링의 책은 베스트셀러에 올랐다. 물론 다른 과학자들에게 비판을 받기도 했다. 이후 식이보충제의 효과에 관한 연구가 활발히 진행되면서 식이보충제가 현대의 핵심 산업으로 떠올랐다.

조너스 소크

최초의 소아마비 백신

1940~1950년대 미국의 부모들은 소아마비 감염률이 증가하자 공포에 떨었다. 소아마비는 미국에서 매년 여름 5,000명 중 1명꼴로 감염되는 유행병으로, 신경계를 공격해 아이를 불구 혹은 사망에 이르게 하는 질병이었다.

이렇듯 소아마비는 아이를 둔 부모들에게는 공포의 대상이었다. 정통 유대교 신자인 폴란드계 미국인 분자생물학자 조너스 소크 Jonas Salk, 1914~1995는 소아마비의 심각성을 절감하고 있던 터라 자신의 논문에서 수차례 소아마비를 다루었다. 그리고 소크에게 행운이 찾아왔다. 권위 있는 국립소아마비재단에서 소아마비 연구에 대한 소크의 열정과 노력에 감동받아 전액에 가까운 소아마비 치료법 연구비를 지원하기로 결정한 것이다.

그러나 이 일이 발단이 되어 소크는 학계에서 미운털이 박히고 말았다. 소크가 연구를 시작하기 한참 전부터 백신 연구에 매진하던 앨버트 세이빈Albert Sabin, 1906~1993 같은 학자들이 있었기 때문이다. 이들에게는 어느 날 갑자기 햇병아리가 나타나서 후원금을 몽땅 긁어가는 것처럼 보였다.

당시 대부분의 백신 사냥꾼들은 살아 있지만 힘이 약한 소아마비 바이러스를 대상으로 연구했다. 이들은 질병에 살짝만 노출시키는 것이 면역력을 키울 수 있는 유일한 방법이라고 생각했다. 그런데 소크는 처음에 독감 백신을 연구할 때부터 다음 두 가지 사실을 알고 있었다. 하나는 사균 바이러스나 비활성 바이러스가 신체의 면역 시스템을 자극해 항체를 형성하는 항원 역할을 할 수 있다는 것, 다른 하나는 이 항원이 바이러스로 인해 파괴되거나 공격받을 수 있지만 환자는 바이러스에 감염될 위험을 피할 수 있다는 사실이다. 여기서 소크의 통찰력이 돋보인다. 소크는 소아마비에도 이 원리를 적용해 사균 바이러스 백신을 개발하겠다는 아이디어를 떠올린 것이다.

이를 위해 소크는 포름알데히드로 바이러스를 죽인 뒤, 면역 시스템에는 반응을 일으킬 수 있도록 손상되지 않은 상태로 보관했다. 소크는 자신이 만든 백신을 먼저 원숭이에게 실험한 뒤 소그룹의 사람들에게 실험했다. 1차 실험은 성공적이었다. 다행히 아무 부작용 없이 항체가 생성되었다. 1차 실험에 성공하자 소크는 1954년 대규모 백신 프로그램을 실시했고, 1955년 4월 드디어 백신 효과의

조너스 소크

안전성이 입증되었다.

과학 연구 결과는 전세계에 공식적으로 발표되기 전에 학술 저널에 실리는 것이 보통이다. 그런데 소크는 이러한 통례를 깨고 학계에 백신 연구 결과를 발표하기 전인 1955년 기자회견을 가졌다. 대중의 관심을 받으려는 의도는 없었으나 소크는 하룻밤 사이에 언론과 대중의 스타가 되었다. 동시에 안타깝게도 소크를 인정하려 하지 않던 학자들 사이에서는 공공의 적이 되고 말았다.

그럼에도 사람들의 마음속에서 소크는 영원히 소아마비와 싸운 학자로 남았다. 게다가 백신 특허료나 수익금을 사적인 목적으로 사용하기를 거부했으니, 소크가 대중의 사랑을 독차지하는 것은 당연한 일이었다.

한편 1958년 세이빈도 생체 바이러스를 기반으로 한 백신 개발에 성공했다. 소크의 백신은 주사기로 투약해야 했으나 세이빈의 백신은 복용이 편리한 경구용인 데다 촉진제도 거의 필요 없었다. 이후 소크의 백신은 세이빈의 백신으로 대체되는 듯했으나 현재는 두 백신이 모두 사용되고 있다.

한편 소크생물학연구소는 분자생물학과 유전학 분야에서 가장 권위 있고 명망 있는 기관으로 자리를 잡았다.

지그문트 프로이트

정신 치료

지그문트 프로이트Sigmund Freud, 1856~1939는 오스트리아-헝가리 제국의 프라이부르크현재 체코공화국에서 7형제 중 장남으로 태어났으며 어린 시절부터 매우 영특했다. 냉담하고 권위주의적인 아버지와 달리 어머니는 가정적이고 세심했다. 이러한 성장 배경은 프로이트의 정신분석 이론에 중대한 영향을 끼쳤다.

양모상이던 아버지는 양모 사업으로 생계를 유지하기가 힘들어지자 비엔나로 이사했다. 비엔나에서 프로이트는 히스테리 치료에 최면요법을 쓴 프랑스의 신경학자 장 마르탱 샤르코Jean-Martin Charcot, 1825~1893의 지도하에 의학과 신경학을 전공했다. 프로이트는 전기치료나 최면치료가 표준 치료법으로는 부적합하다고 여겼다. 대신 '대화치료'를 통해 환자들이 말문을 열고 합리적으로 문제

지그문트 프로이트

에 접근해 변화할 수 있도록 유도했다. 프로이트는 자유로운 아이디어 연상과 꿈 해석을 통해 신경증에 접근했으며, 이러한 접근 방식이 무의식 세계에 대한 통찰력을 줄 수 있다고 믿었다. 이런 이유로 프로이트는 보다 넓은 정신세계를 경험하고 이해하고자 코카인을 자주 복용했고, 그 결과 약물중독에 빠지기도 했다.

1900년 프로이트는 처음으로 정신분석 이론을 발표했다. 프로이트 이론의 핵심은 무의식이 인간의 행동을 이끌고, 사회적인 제약으로 인해 사람들이 원초적인 본능을 억누르기 때문에 정신적 고통이 생긴다는 것이다. 반면 프로이트는 꿈이 긴장을 없애고 무의식적인 소망이나 동기를 드러내는 유일한 방법이자 자기만의 해결책을 제공하는 경로라고 보았다.

40대가 되면서 프로이트는 자신의 심리학 이론에 대해 강도 높은 연구를 실시하며 몇 가지 보편적인 결론을 내렸다. 특히 프로이트는 성적 충동이 신경증의 원인이라고 보았다. 그러나 학계에서 성에 대한 탐구, 특히 아이들도 성적 충동에 이끌린다는 주장이 저급하다고 맹비난하는 바람에 프로이트는 외톨이 신세가 되고 말았다. 1906년 프로이트는 자신의 이론을 지지하는 학자들을 끌어모았다. 그중에는 칼 구스타프 융Carl Gustav Jung, 1875~1961과 알프레트 아들러Alfred Adler, 1870~1937도 있었다. 1908년에는 잘츠부르크에서 제1회 정신분석학회가 개최되었고, 2년 후인 1910년에는 국제정신분석협회가 설립되었다.

1933년 히틀러의 나치 세력이 독일을 지배하면서 프로이트의 저서는 분서 목록으로 낙인찍혔다. 그로부터 5년 후 나치가 오스트리아를 점령하면서 오스트리아에서도 유대계 혈통을 향한 혐오가 기승을 부렸다. 프로이트는 유대계 혈통이지만 반유대주의자였다. 여하튼 프로이트는 "차라리 자유롭게 살다 죽는 편을 택하겠다"며 1938년 가족들과 함께 런던으로 망명했다.

이후 프로이트는 후두암 판정을 받고 여러 차례 수술을 받았으나 경과가 좋지 않았다. 고통을 견디다 못해 프로이트는 친구인 막스 슈어에게 안락사를 부탁했다. 슈어는 프로이트에게 모르핀 3병을 구해다주었고, 프로이트는 런던 북부의 자택에서 평안히 잠들었다.

그레고리 핀커스

생식의학

과거 문헌 기록을 보면 문화와 시대별로 다양한 피임법이 있었던 것으로 확인된다. 고대 이집트에서는 꿀과 아카시아 잎으로, 고대 그리스에서는 피임 성분이 있는 식물로, 10세기 페르시아에서는 코끼리 똥을 이용한 피임 도구로 피임을 했다고 한다. 중세 유럽에서는 가톨릭 교회에서 피임 금지령을 내려서, 수

그레고리 핀커스

많은 치료사들이 낙태 시술 행위나 피임 성분이 있는 허브 약초를 처방한 죄로 마녀로 몰려 처벌을 받았다.

19세기에는 인구증가율 대처 방안이 정치적으로 이슈화되면서 산아제한이 경제적 안정성을 향상시키는 방안으로 여겨졌다. 1951년 미국의 내분비학자 그레고리 핀커스Gregory Goodwin Pincus, 1903~1967가 개발한 경구용 피임약은 가족계획에 혁신을 일으키면서 과잉인구 문제를 해결하는 데 기여했다. 경구용 피임약은 여성의 건강, 페미니즘, 출산 경향, 종교, 정치는 물론이고 성인의 성생활, 청소년의 성교육에도 영향을 미쳤다. 경구용 피임약은 현대인의 생활 전반에 변화를 가져온 획기적인 발명품이었다.

Chapter 7

지질학과 기상학

위대한 지성들은 수천 년 동안 지구 탄생의 역사에 궁금증을 품었다. 200~300년 전만 해도 사람들은 대부분 지구의 나이가 겨우 6,000년밖에 되지 않는다고 생각했다.

그러다 18세기에 스코틀랜드의 과학자이자 부농인 제임스 허턴이 지구의 암석층을 조사하면 과거에 어떤 일이 일어났고, 궁극적으로는 지구의 나이와 기원이 언제인지 알 수 있다는 사실을 증명했다. 또한 지구의 나이가 성서에서 주장하는 것보다 훨씬 많다는 증거도 제시했다. 이제 학자들은 대략 46억 년 전에 땅이 굳어지면서 지구가 탄생했을 것이라고 추측하고 있다.

지구의 지각에는 값어치 있는 금속과 유혈암[1]이 매장되어 있다. 이런 까닭에 문명이 시작된 이후 인간은 끊임없이 채굴을 했는데, 가장 절정에 달한 때는 로마 시대와 산업혁명기였다. 상업적 채굴 활동에서는 광석과 자연 분포에 대한 정확한 지식이 필요했기 때문

1 석유를 함유한 암석.

에 지질학은 인기가 많은 학문이었다. 과학 기술의 발달에 힘입어 오늘날 지질학자들은 세계 각지를 돌아다니면서 지구 단층의 퇴적물을 체계적이고 정확하게 알아내고 있다.

지질학자들은 역사적인 사건들을 살피면서 과거의 흔적을 찾는다. 지진과 홍수는 그중 하나다. 지금은 과거 지구에서 일어난 사건들을 참고해 지구를 비롯한 다른 행성들에서 일어날 사건들까지 예측할 수 있다.

지질학과 마찬가지로 지구의 대기에 관한 학문인 기상학의 역사도 고대로 거슬러올라간다. 지구상에 존재한 문명들은 기상 예측의 필요성을 이미 깨닫고 있었다. 근래에는 지구의 대기 변화를 분석하고 예측하는 일과, 기후 변화가 지구와 사회에 미치는 영향이 전세계적인 논의 대상이 될 정도로 중대한 문제가 되었다.

아리스토텔레스
테오프라스토스

고대의 지구론

BC 4세기 고대 그리스의 석학 아리스토텔레스는 지구가 오랜 기간에 걸쳐 서서히 변화하고 있다고 했다.

"바다는 한 곳으로는 전진하는 동시에 다른 한 곳으로는 후퇴하고 있다. 이 말은 곧 바다나 땅의 위치가 항상 같은 것이 아니라 시간이 흐르면서 변화한다는 의미다."

이 문장만 봐도 아리스토텔레스가 지질학적인 사고를 하고 있었다는 사실을 엿볼 수 있다.

아리스토텔레스의 《기상론Meteorology》에는 역사상 최초로 물의 순환을 관측했다는 내용이 있다. 수증기에 대해 아리스토텔레스는 이렇게 기록했다.

"수증기는 움푹 꺼지고 물기가 있는 장소에서 올라온다. 수증기를 끌어올리는 열은 무거운 짐처럼 위로 들어올릴 수 없어서 그냥 내버려둘 수밖에 없다."

이처럼 아리스토텔레스는 수증기가 순환하는 원리를 최초로 서술해서 현재 기상학의 창시자라는 평가를 받는다.

한편 아테네 라이시엄에는 아리스토텔레스의 후계자인 테오프라스토스Theophrastos, BC 370경~BC 285경라는 학자가 있었다. 테오프라스토스는 경도와 가열했을 때의 반응 등 특성을 기준으로 암석을 분류한 최초의 학자다. 제목만 봐도 알 수 있듯이 테오프라스토스가 쓴 〈암석에 대해On Stone〉라는 논문에는 제작용, 염료용, 회반죽용 등 고대 광물의 실제 용도가 기록되어 있다.

테오프라스토스

심괄

중국의 지형

중세 시대 중국에는 심괄沈括, 1031~1095이라는 학자가 있었다. '진북'이라는 개념으로 유명한 심괄은 최초로 지형이 형성되는 방법지형학에 대한 가설을 세우고, 기후 변화의 지표인 화석 식물을 연구고생태학한 것으로 알려져 있다.

심괄이 쓴 태항산과 안탕산 방문기에는 다음과 같은 대목이 있다.

"바다에서 수백 마일 떨어진 거리에 있는데도 이러한 지형들에서는 특별한 지질학적 단층이나 높이에서만 볼 수 있는 패석이 발견된다."

이를 바탕으로 심괄은 한때 이 지역이 해안가나 해저였는데 이후 바다가 이동해 현재의 지형이 형성된 것이고, 대륙은 아주 오랜 기간에 걸쳐 퇴적물들이 쌓여 형성되었다는 가설을 세웠다. 제임스 허턴은 퇴적 광상에 관한 연구로 획기적이라는 평가를 받은 인물이다. 그런데 심괄의 연구는 이보다 650년이나 앞선 것이 정말 대단한 통찰력이다.

한편 심괄은 1080년경 현재 연안중국 산시성 북부 지역에서 대나무 화석 수백 개를 발견했다. 그런데 이상한 점이 있었다. 대나무는 연안처럼 건조한 지역에서는 자라지 않는데 어떻게 이런 일이 일어난 것일까? 그렇다면 이 화석들은 지하의 거대 동굴에 묻혀 있다가 강둑에서 산사태가 일어나면서 모습을 드러낸 것이라고 추론할 수밖에 없었다. 이러한 사실에 비추어 보건대 심괄의 학식이 상당한 수준이었음을 알 수 있다. 더 놀라운 사실은 심괄이 이미 기후 변화 가능성에 대해서도 언급했다는 것이다. 심괄은 이렇게 기록했다.

"아마 고대에는 지금과는 기후가 달라서 이 지역이 온도가 더 낮고 습도가 높고 어두워서 대나무가 서식하기에 적합한 환경이었을 것이다."

게오르기우스 아그리콜라

채굴과 광물

16세기 독일 동부 지역에 게오르기우스 아그리콜라Georgius Agricola, 1494~1555라는 명석한 화학자가 있었다. 아그리콜라의《데 레 메탈리카De Re Metallica》는 야금학과 채굴 기술이 총망라되어 있는 책으로, 77년 플리니우스Gaius Plinius Secundus, 23~79의《박물지Historia Naturalis》 이후 최고의 책이라는 평가를 받았다.

이 두꺼운 책은 출판 비용도 많이 들고 배포도 제한적이었다. 심지어 복사본도 예배당에 사슬로 묶어놓을 만큼 그 가치를 인정받는 책이었다. 분량도 워낙 방대해 일반인들은 라틴어 원문 중 자신에게 필요한 부분만 성직자한테 번역해달라고 요청해서 읽을 정도였다.《데 레 메탈리카》는 1700년까지 독일어, 라틴어, 이탈리아어로 12판본 이상 출간될 정도로 베스트셀러였다. 광산 기사이자 나중에 미국의 대통령이 된 허버트 후버와 지질학자이자 라틴어 학자인 아내 루 헨리 후버가 1912년 최초로 영역본을 펴냈다.

아그리콜라는 이 책의 최종본을 완성하는 데 20년이라는 긴 세월을 바쳤다. 12권 전집인 이 책에서는 관리, 시금, 공사, 광부의 질병, 지질학, 마케팅, 탐광, 정제, 제련, 측량, 목재 사용, 환기, 양수기 등 광산 작업과 관련된 모든 과정과 문제점을 세부적으로 다루었다. 또한 당시 심각한 문제이던 광산의 하수 처리도 빼놓지 않고 다루었다.

한편 아그리콜라는 초보 광산 기사들에게 유용한 지침서인《지하 산물의 성질에 대하여De Natura Fossilium》에서 광물을 기하학적 형태에 따라 분류했는데, 이는 최초의 과학적 광물 분류 방식으로 간주된다.

게오르기우스 아그리콜라

Georgius Agricola

(1494~1555)

게오르기우스 아그리콜라는 라틴식 이름으로, 본명은 게오르그 바우어Georg Bauer다. 바우어는 농부라는 뜻의 독일어다. 아그리콜라는 유럽에 르네상스 문화가 정착되고 인쇄술이 발명되어 지식에 대한 사람들의 욕구가 불타오르던 시절에 태어났다. 아마 이 새로운 사상은 아그리콜라에게 지적 자극이 되었을 것이다.

학업 성적이 우수한 아그리콜라는 라이프치히대학교에 진학해 의학을 전공했고, 마틴 루터가 비텐베르크에서 로마가톨릭교회에 저항하며 종교개혁을 일으킨 1517년에 학위를 받았다.

이후 아그리콜라는 유럽의 광산과 제련의 중심지인 요아힘슈탈이라는 소도시의 의사로 임명되었고, 그곳에서 진료 활동을 하면서 채굴 기술과 광물 처리법을 관찰했다. 3년 후 아그리콜라는 요아힘슈탈을 떠나 광산 도시로 유명한 작센의 헴니츠에 정착하면서 본격적으로 광업을 연구하기 시작했다. 이때 이미 아그리콜라는 채굴과 광물학에 관한 논문을 여러 편 발표해 어느 정도 명성을 얻은 상태였다.

한편 당시 독일인들은 대부분 신교로 개종했으나 독실한 가톨릭 신자인 아그라콜라는 평생 개종하지 않았다. 결국 아그리콜라는 신교도들의 반발로 뷔르거의 사무실을 비워주어야 했다. 끝까지 가톨릭을 고집한 아그리콜라는 신교도들과 팽팽하게 대립하다가 세상을 떠난 것으로 알려져 있다.

니콜라우스 스테노

종교와 과학의 갈등

기독교 신앙은 17세기 서양에서 일어난 지구기원론에도 많은 영향을 미쳤다. 그중에서도 영국의 성직자이자 수학자인 윌리엄 휘스턴William Whiston, 1667~1752은 성서에 나오는 사건들을 학문적으로 입증하려고 노력한 것으로 알려져 있다. 대표적인 예로 지구와 혜성이 충돌해 노아의 대홍수가 일어났으며 그 물이 지구의 지형을 형성했다는 설과, 1736년 또 다른 혜성이 나타나 지구와 충돌해 지구가 종말할 것이라는 예언이 있다.

한편 종교와 과학 사이에서 갈등한 학자가 있었는데, 다름 아닌 덴마크의 수사 니콜라우스 스테노Nicolaus Steno, 1638~1686다. 해부학자로도 이름을 날린 스테노는 북부 이탈리아의 작은 마을에서 잡힌 거대한 상어의 머리를 해부해서 분석해달라는 요청을 받을 만큼 실력이 뛰어났다. 스테노는 상어의 이빨이 암석층 사이에 있는 돌과 비슷하다는 사실을 발견하고, 여기에서 힌트를 얻어 화석은 오래전 지구에 살던 생물들의 잔해이고 암석층 사이에 보존되어 있다는 이론을 발표했다. 스테노는 지층이 퇴적 작용으로 형

니콜라우스 스테노

성된 것이라고 주장했고, 서로 다른 지층들 사이에 끼어 있는 화석을 연구해 지구의 지질학적 사건들이 일어난 연대기를 밝혀냈다. 또한 스테노는 땅에서 나무가 자라듯 지형이 형성된 것이 아니라 지각 변동으로 인해 산이 생겼다고 주장했는데, 당시 사람들은 상상조차 할 수 없는 혁명적인 아이디어였다.

스테노의 이론은 시대를 앞섰으나 허점이 하나 있었다. 지구의 나이가 6,000년이라는 성서의 주장을 받아들여 지구의 지질 연대를 너무 짧게 잡았다는 것이다. 스테노는 이처럼 선구적 이론을 펼쳤으나 종교와 과학 사이에서 갈등하다가 결국 과학 연구를 접고 사제서품을 받았다.

제임스 허턴

현대 지질학의 창시자

영국의 지질학자 제임스 허턴James Hutton, 1726~1797은 지구의 실제 나이가 성서학자들이 주장하는 6,000년보다 훨씬 많다는 사실을 입증했다. 이는 18세기 지질학에서 최고의 학문적 성과라고 해도 과언이 아닐 것이다. 허턴의 이론은 찰스 다윈의 진화론에 영향을 끼칠 만큼 획기적이었다. 하지만 허턴도 정확한 지구의 나이까지는 구하지 못했다. 지구의 나이를 측정하려면 자연 상태에서 발생하는 방사성 원소의 붕괴율에 관한 지식이 필요한데, 당시에는 아직 방사능의 존재도 밝혀지지 않았기 때문이다.

1780년대에 허턴은 에든버러 왕립학회에 지구론을 처음 소개했고, 세상을 떠나기 2년 전인 1795년에는 필생의 역작인《지구론 Theory of the Earth》을 발표했다. 그러나 이 역작이 발표된 후에도 지질학은 오랫동안 학문으로 인정받지 못했다.

허턴은 지구가 자기회복self-restoration이라는 연속적인 패턴을 겪고 있고, 토양 침식은 해저에 침식된 물질이 퇴적되어서 이루어진 지질학적 주기라고 주장했다. 이 퇴적된 입자들이 굳어 퇴적암이 되면서 새로운 땅이 형성되었다가 다시 침식된다. 그런데 중요한 사실은 이 과정이 무한반복된다는 것이다.

1787년 허턴은 드디어 제드버러에 있는 퇴적암에서 지질학적 주기가 무한반복된 흔적을 찾았다. 이것이 바로 허턴의 '부정합unconformity'이다. 이듬해 허턴은 스코틀랜드 보더스 주의 베릭셔 해안에 있는 식카포인트에서도 이와 유사한 흔적을 찾았다.

허턴은 다양한 암석의 형성 과정에 대해 광범위한 연구를 한 끝에 지질학적 주기는 과거부터 무한정 반복되었고 현재는 아주 느리게 진행되고 있다는 결론을 내렸다. 허턴이 이러한 순환 프로세스가 무한정 지속될 것이라고 생각한 이유는 생각보다 단순했다. 이 프로세스가 중단된다는 증거를 찾지 못했기 때문이다.

허턴은 아주 오랫동안 동일한 과정이 반복되면서 오늘날의 지각이 형성되었다고 생각했다. 허턴의 이론을 지질학 용어로는 '동일과정설uniformitarianism'이라고 한다. 아마 이 과정은 앞으로도 계속될 것이고, 이 이론이 모든 지질학적 변화를 설명해줄 것이다.

제임스 허턴

James Hutton

(1726~1797)

제임스 허턴의 아버지는 에든버러의 상인이었으나 허턴이 아주 어렸을 때 세상을 떠났다. 허턴은 잠시 변호사 사무실에서 견습생으로 일하다가 그만두고 원래 자신의 관심사인 화학을 공부하기로 결심했다. 이후 허턴은 에든버러대학교에서 의학을 전공했고 프랑스와 네덜란드에서 연구를 했다.

그러나 허턴은 돌연 의학 공부를 중단하고 가족이 운영하는 농장으로 귀향한 후, 고향에서 친구와 함께 염화암몬석을 만들어 팔아 돈을 벌었다. 석탄을 그을려서 만드는 염화암몬석은 빵이나 과자 등에 넣으면 바삭한 식감을 주기 때문에 사람들에게 인기가 많았다. 이 일로 허턴은 영국, 프랑스, 벨기에, 네덜란드 등으로 떠나는 지질탐사여행의 경비를 모을 수 있었다.

지질탐사여행을 다녀온 1760년대에 허턴은 에든버러에 정착했다. 스코틀랜드 계몽운동이 한창 꽃을 피우던 에든버러에서 허턴은 사교모임에 들어가 경제학자 애덤 스미스, 철학자 데이비드 흄, 화학자 조지프 블랙Joseph Black, 1728~1799, 나중에 허턴의 전기를 쓴 전기작가이자 과학자 존 플레이페어John Playfair, 1748~1819와 교제했다. 허턴, 스미스, 블랙은 오이스터클럽Oyster Club을 창설해 매주 과학 문제를 놓고 토론을 벌였다. 또한 허턴은 1783년 에든버러 왕립학회의 창설 멤버로도 활동했다.

에든버러의 학구적인 분위기와 인상적인 물리적 현상에 자극받은 허턴은 에든버러 주변을 돌아다니며 자연 현상의 원인을 찾고 연구했다. 그 결실로 탄생한 것이 《지구론》이다.

존 돌턴

기상학

18세기에도 학자들은 기상 패턴을 설명할 때 고대 신화에 의존했다. 대기를 연구하는 기상관측자나 기상학자들은 대부분 날씨에 변화를 일으키는 과학 현상에 대한 학문적 이해가 부족했으며 체계적인 연구도 하지 않았다. 이러한 안일한 태도에 변화를 일으키며 기상학을 학문으로 발전시킨 인물이 있었다. 바로 영국의 화학자이자 물리학자인 존 돌턴John Dalton, 1766~1844이다.

돌턴은 21세부터 자신이 관측하고 경험한 기상 현상을 기록으로 남겼으며, 이 습관은 평생 지속되었다. 돌턴이 기상 변화를 분석하고 설명하면서 축적한 지식은 웬만한 기상관측자들을 능가하는 수준이었다.

1793년 《기상학에 관한 논문과 관찰Meteorological Observations and Essays》에서 돌턴은 풍속과 기압에 관한 기록을 발표했다. 이 책에서 돌턴은 대기 중 기체들의 다양한 반응에 대한 토론을 통해 기상 현상을 설명하고자 했다. 돌턴을 화학의 선구자로 만들어준 원자론은 이 토론에서 논의한 아이디어들을 토대로 정립한 것이다.

이후 돌턴은 대기의 구성에 관한 기상학을 연구하기 시작했다. 물이 증발한 뒤에는 공기 중에서 기체 상태로 있다. 돌턴은 공기와 기체가 어떻게 동시에 한 공간을 차지할 수 있는지 궁금했다. 이 궁금증에서 탄생한 개념이 원자량이다. 그리고 돌턴은 이 원자량이라는 개념으로 화학사에 또 한 번 업적을 남겼다.

한편 당시에는 기상 현상을 관측하려면 산꼭대기까지 올라가야 했다. 돌턴의 관측 장소는 잉글랜드 북서부 레이크디스트릭트의 산꼭대기였다. 돌턴은 해발 고도의 온도와 대기압을 측정하기 위해 직접 산에 올라 기압계로 고도를 재면서 자연스레 관측 전문가가 되었다. 지금은 기상관측용 풍선, 드론, 비행기 같은 첨단장비들이 사람을 대신해 기상 현상을 관측한다. 기상학자들이 굳이 산꼭대기에 오르는 수고를 할 필요가 없는 편한 세상이다.

로더릭 머치슨

고생대를 탐구하다

제임스 허턴이 지구의 나이를 밝히고 몇 년 후 스코틀랜드 출신 지질학자가 또 하나 등장했다. 주인공은 로더릭 머치슨Roderick Impey Murchison, 1792~1871으로, 용감무쌍한 지질 현장 탐사와 실루리아계지질시대를 발견한 것으로 유명하다.

머치슨은 고대 스코틀랜드 하이랜드의 지주 가문 출신으로, 4세라는 어린 나이에 아버지를 여의고 영국으로 이주했다. 이후 머치슨은 군사학교에 진학했고 반도전쟁에도 잠시 참전했다. 그리고 종전 후 샬롯 휴고닌과 결혼했다. 샬롯은 평생 머치슨을 격려하고 학문적인 영감을 준 사람이다.

이후 머치슨 부부는 유럽 전역을 돌아다니며 탐사활동을 하다가 런던으로 돌아왔다. 런던에서 머치슨은 왕립연구소에서 강의를 들으며 당대의 유명한 과학자들과 교제했다. 그중에는 찰스 다윈, 영국의 지질학자 찰스 라이엘Charles Lyell, 1797~1875, 애덤 세지윅Adam Sedgwick, 1785~1873도 있었다.

머치슨 부부는 20년 동안 거의 매년 여름에 영국, 프랑스, 알프스 등지로 지질탐사여행을 다녔다. 아내 샬롯은 항상 동행하면서 화석 수집가, 지질학자 역할을 하며 남편을 도왔다.

1839년 머치슨은 대표작 《실루리아계The Silurian System》를 발표했다. 남부 웨일스 지방의 경사암greywackes, 즉 오래된 점판암을 상세히 다룬 이 책은 고생대부터 시작해 구적사암old red sandstone의 기원을 살폈다.

로더릭 머치슨

당시 대부분의 지질학자들이 점판암 중에는 화석이 거의 없다고 생각한 것과 달리, 머치슨은 점판암이 지구의 초기 생명체의 형태를 발견할 수 있는 열쇠라고 보았다. 머치슨은 지층 이름을 이 지역에 살았던 부족의 이름을 따서 '실루리아계'라고 붙였으며, 실루리아기[2]가 지구 생명체의 역사상 중요한 시기였다는 사실도 발견했다.

실루리아기의 역사는 약 4억 4,400만 년 전으로 거슬러올라간다. 실루리아기의 특징적인 동물은 무척추동물이고, 척추동물이나 육생식물은 거의 없었다.

한편 머치슨은 세지윅과 함께 영국 남서부의 데번과 독일 라인란트에서 데본기의 흔적도 찾았다. 실루리아기는 고생대에 들어가고, 데본기는 실루리아기가 끝나고 2,500만 년 정도 후인 4억 1900만 년경부터 시작된다. 구적사암이 데본기를 연상시킨다고 해서 데본기를 구적암 시대Old Red Age라고도 한다. 또한 구적사암에서 어류의 화석이 많이 발견되는 것으로 보아 데본기의 바다에서는 수천 가지 어종이 발달했으리라고 짐작된다. 데본기를 뜻하는 또 다른 이름인 어류의 시대Age of Fishes도 이러한 맥락에서 붙여졌다.

반면 지질학자 앙리 드 라 베슈Henry De la Beche, 1796~1855는 그 아래에 있는 지층이 실루리아계보다 더 오래되었고 석탄은 더 젊은 암석을 연상시키므로 실루리아계 밑에 석탄이 있을 수는 없다고 보았다. 이 때문에 머치슨과 베슈 사이에 논쟁이 붙었는데 결국 머치슨의 주장이 옳은 것으로 입증되었다. 알고 보니 이 문제의 암석들은

****

2 '기'는 지질학적 연대를 나누는 기준이고, '계'는 그 시기의 지층을 가르키는 용어다.

실루리아계가 아니라 시대상으로 뒤진 데본계의 것이었다.

1840년에서 1841년까지 실시된 러시아 지질탐사여행에는 에두아르드 드 베르누이Édouard de Verneuil, 1805~1873와 알렉산더 카이저링Alexander von Keyserling, 1815~1891이 동행했다. 머치슨은 우랄산맥 근처 페름 지방에서 약 2억 5,000만 년에서 2억 9,000만 년 전의 것으로 추정되는 단층을 발견했는데, 이 단층의 이름은 지명을 따서 페름계라고 붙였다.

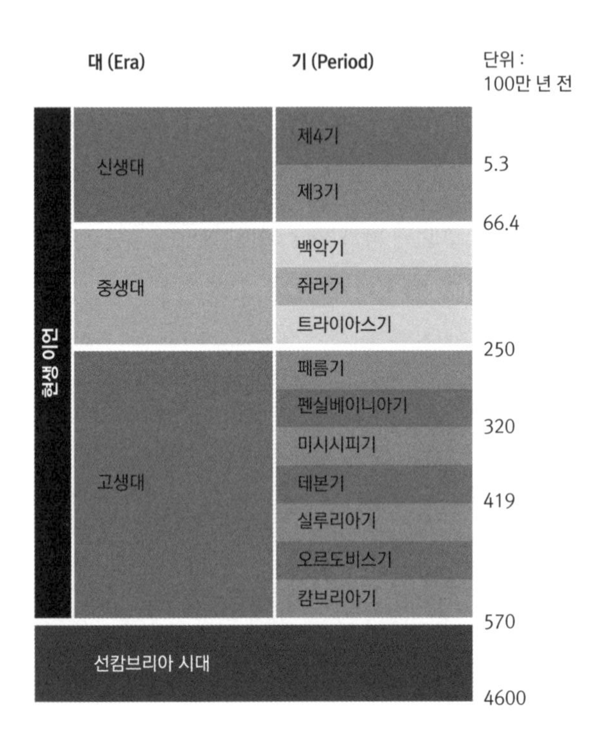

지구는 약 46억 년 전에 탄생했다. 지질학자들은 화석 기록에 따라 지구상 생물의 진화에 나타난 주요한 변화를 바탕으로 이 46억 년의 기간을 '이언', '대', '기'로 나누었다. 지질학적 연대를 구분짓는 경계는 대멸종이다.

루이스 헌턴

암모나이트

루이스 헌턴Lewis Hunton, 1814~1838은 지형이 험준한 영국 동북부에서 나고 자랐다. 헌턴의 학문적 업적은 암석층, 즉 지층들이 연대기순지질학적 천이으로 쌓이므로, 각 층 사이에 끼어 있는 화석을 분석함으로써 지층을 하위 단위로 분류하거나 연관성을 찾을 수 있다는 이론을 발전시킨 것이다. '생물층서학'으로 알려진 이 분석 방법은 이후 현대 지질학의 기본적인 이론이 되었다.

명반은 높은 해안 절벽에서 채석한 이판암으로 만들며 섬유 염색에 많이 쓰이는데, 헌턴의 아버지는 소문난 명반 제조자였다. 어린 헌턴은 아버지의 영향을 받아 전공을 선택한 듯하다. 이후 헌턴은 런던에서 지질학과 화석동물학을 공부하면서 찰스 라이엘 등 당대의 저명한 학자들과 교류했다.

1836년 헌턴은 런던 지질학회에서 발표할 첫 논문을 위해 영국 동북부 지역에서 현장 연구를 실시했다. 연구 결과 특정한 종의 화석, 특히 그 지역의 후기 쥐라기 암석에서 많이 발견되는 암모나이트멸종한 무척추동물의 화석가 가파른 절벽의 제한된 종단면을 차지하고 있었고, 간혹 몇 센티미터 두께밖에 되지 않는 경우도 있었다. 헌턴은 이러한 사실을 종합해 다음과 같은 결론을 내렸다.

"암모나이트는 외적 변화에 적응해왔고 리아스 속Lias genera의 모든 지층에서 나타날 가능성이 있다. 따라서 암모나이트는 지층의

하위 분류를 나타내기에 가장 적합한 화석이다."

이어 헌턴은 크기가 5미터인 쥐라기 시대의 해양 파충류, 즉 익룡익티오사우루스의 화석을 발굴했다. 현재 이 화석은 휘트비박물관에 전시되어 있다. 그러나 장래가 촉망되던 헌턴은 자신의 능력을 제대로 발휘해보지도 못하고 23세라는 젊은 나이에 결핵으로 세상을 떠나고 말았다.

제임스 데이나

광물의 분류

1838년에서 1842년까지 미국지질탐사대가 활동했다. 미국 출신의 지질학자이자 광물학자이고 동물학자인 제임스 데이나James Dwight Dana, 1813~1895는 여기서 중추적인 인물이었다. 데이나는 이 기간 동안 남태평양 지역에서 지질탐사를 하며 산맥 형성, 화산섬, 산호, 갑각류에 관한 방대한 정보를 수집했다.

찰스 다윈은 대양도가 침강한 후 천해에서 산호초가 자라서 생긴 것이 환초라고 주장했는데, 데이나의 관측 결과는 다윈의 이론을 뒷받침하는 증거 자료였다. 반면 자연주의자들은 플랑크톤의 퇴적물들이 쌓여서 해양산맥이 형성된 곳에 암초들이 자란다고 보았다. 이 때문에 다윈, 데이나의 견해와 자연주의자들의 견해가 충돌하면서 격렬한 논쟁이 벌어졌다. 이 논쟁은 한동안 미결 상태로 남아 있었다. 그러다 한참 후인 1951년 대양저 시추 탐광을 실시한 결과 다윈과 데이나의 이론이 옳은 것으로 밝혀졌다.

데이나의 탐사 보고서가 발표되면서 미국의 과학적 위상이 높아졌고, 데이나가 탐사에서 수집한 표본과 수집품들이 각국의 국립박물관에 전시되기 시작했다.

무엇보다도 데이나의 가장 큰 업적은 광물 분류 체계를 정립한 것이다. 데이나는 스웨덴의 식물학자 칼 폰 린네의 식물분류법처럼 광물을 종과 속으로 분류했다. 화학적 구성에 따라 광물을 분류한 것은 당시로서는 획기적인 시도였다. 예를 들어 데이나는 규산염, 황산염, 산화염, 그리고 광물의 구조에 따라 광물을 분류했다. 또한 지층 구조를 강class, 화학적 구성, 유형type, 원자의 특성, 계group, 구조, 종species, 광물의 종류의 4단계로 분류했다.

데이나의 광물 분류 체계는 광물학 발전에 기여했으며, 지금까지도 이 체계가 사용되고 있다. 이 분류 체계의 장점은 새로 발견된 광석이라도 정해져 있는 강과 유형에 끼워넣으면 간단하게 분류할 수 있다는 것이다.

제임스 데이나

James Dwight Dana

(1813~1895)

제임스 데이나는 1830년 예일칼리지에 입학해 저명한 광물학자이자 《아메리칸 과학 저널American Journal of Science》의 창립자인 벤저민 실리먼Benjamin Silliman, 1779~1864에게 광물학을 배웠고, 나중에 실리먼의 딸 헨리에타와 결혼했다.

졸업 후 데이나의 첫 일자리는 지중해를 항해하는 미해군 잠수함의 수학 교사였다. 지중해를 항해하면서 데이나는 베수비오 산의 화산이 폭발하는 모습을 관찰했고, 이때의 관찰을 바탕으로 남태평양과 지중해의 화산 활동을 비교할 수 있었다.

1836년 데이나는 예일칼리지로 돌아와 실리먼의 조교가 되었다. 미국지질탐사대에서 활동하기 전 데이나는 24세의 나이에 광물학 체계를 집대성한 《광물학 체계A System of Mineralogy》를 발표했다. 그리고 1848년에는 광물학 분야의 고전이나 다름없는 《광물학 편람Manual of Mineralogy》을 발표하는데, 이 책을 집필하기 위해 그동안의 연구 결과를 정리하는 데만 꼬박 10년이 걸렸다고 한다.

신앙심이 깊은 데이나는 처음에는 다윈의 진화론을 거부했지만 결국 그것도 신성한 신의 뜻 중 일부라고 생각해 진화론을 인정했다고 한다.

윌리엄 모리스 데이비스

지형은 어떻게 형성되는가

지형학은 지형을 연구하는 학문으로, 미국의 지리학자이자 지질학자이고 기상학자인 윌리엄 모리스 데이비스William Morris Davis, 1850~1934가 창시자로 알려져 있다.

필라델피아의 퀘이커교도 가정에서 태어난 데이비스는 1870년 하버드대학교에서 공학 석사학위를 받았다. 당시는 지형이 형성되고 지형의 고유한 특징이 갖춰지는 원리에 대해 알려진 바가 없었다. 데이비스는 이 모든 과정을 '침식윤회설cycle of erosion'로 설명했는데, 이 이론이 사람들 사이에서 설득력을 얻으면서 지형학이 정식 학문으로 인정받기 시작했다.

데이비스 이전의 학자들은 지형은 구조 그 자체로 결정되거나 성서에 나오는 노아의 홍수로 인해 생성되었다고 생각했다. 반면 찰스 다윈에게 학문적으로 많은 영향을 받은 데이비스가 주장한 지형의 발달은 다윈의 진화론과 유사한 점이 많았다.

윌리엄 모리스 데이비스

1889년 데이비스는 《내셔널 지오그래픽National Geographic》에 〈펜실베이니아의 강과 계곡〉이라는 글을 발표하며 지형에는 길고 느린 주기가 있다는 견해를 이론화했다. 최초의 산맥은 융기 지형에서 형성되었고, 오랜 시간이 지나 산맥이 침식되면서 브이 자 계곡이 생성되었다. 그리고 이 지형이 계속 발달하면서 둥그스름한 언덕 형태가 되었다.

데이비스는 지형의 발달에 변화를 주는 요인을 다음 세 가지로 분류했다. 구조암석의 형태와 침식, 풍화에 대한 내구성, 진행 과정풍화, 침식, 물에 의한 퇴적, 단계유년기, 장년기, 노년기다. 특히 단계에서는 침식 과정이 얼마나 오랫동안 진행되었는지를 보여준다.

유년기 : 유년기의 평원에는 브이 자 계곡이 깊게 파여 있다.

장년기 : 범람원이 있는, 경사가 높고 최대 기복이 있는 지형

노년기 : 침식 작용으로 넓은 계곡이 형성되고, 이 계곡들로 인해 남아 있는 언덕들도 평평해진다.

데이비스의 침식윤회설 단계

요즘 사람들의 눈에는 데이비스의 이론이 단순해 보일 수 있다. 그러나 지형의 진화 상태를 설명한 데이비스의 침식윤회설이 등장함으로써 지형학에 새 시대가 열렸다.

플로렌스 바스콤

지리학의 여성 개척자

미국 최초의 여성 지질학자 플로렌스 바스콤Florence Bascom, 1862~1945은 과학과 학계의 진정한 개척자였다. 바스콤은 미국 펜실베이니아 피드몬트 대지에서 결정화 작용에 의해 형성된 암석 분야의 권위자였다. 동시에 여성 제자들과 신세대 여성 과학자들에게 선망의 대상이었다.

당시만 하더라도 미국에서는 여성이 대학에 입학하는 것이 공식적으로 허용되지 않았다. 그러나 바스콤은 여성의 권리를 존중하는 부모 덕분에 대학 교육까지 받을 수 있었다. 1887년 바스콤은 위스콘신대학교에서 지리학 석사학위를 받았으나 지도교수가 남녀를 함께 교육하는 것을 거부하는 바람에 박사 과정으로 올라갈 수 없었다. 그러나 다행히 여성에게도 대학 교육의 기회가 서서히 열리고 있었고, 바스콤은 메릴랜드 주 볼티모어에 있는 존스홉킨스대학교에서 어렵게 공부할 기회를 얻었다. 바스콤은 그곳에서 암석이 형성되는 방법을 연구하는 학문인 암석학을 전공했다.

1896년 바스콤은 여성 최초로 미국 지질조사국의 지질학 조수로 임명되었다. 바스콤이 담당한 지역은 펜실베이니아 주 메릴랜드의 미드애틀랜틱 피드먼트 지역, 델라웨어 주와 뉴저지 주의 일부였다. 암석학을 전공한 바스콤은 곧 이 지역의 전문가가 되었다. 바스콤은 여름에는 암석의 얇은 단층을 채취해 암반층 지도를 만들었고, 겨울에는 현미경 슬라이드를 이용해 암석을 분석했다. 이 연구를 통해 바스콤은 이 지역의 결정질암이 복잡하고 매우 오랜 시간에 걸쳐 형성되었다는 사실을 알게 되었다. 이어 이 연구 결과가 미국 지질조사국의 책과 회보에 발표되었으며, 1909년 지질조사국 소속 정식 지질학자로 진급했다. 바스콤의 논문이 전세계적인 인정을 받으며 이 지역 암반층 지도를 바탕으로 한 연구가 곳곳에서 실시되었다.

플로렌스 바스콤

Florence Bascom

(1862~1945)

플로렌스 바스콤은 지질학과 고등교육 분야에서 여성의 활동 영역을 개척한 인물이다. 1898년 바스콤은 펜실베이니아 주 브린모어칼리지의 대표로 선출되었다. 1906년에는 대학 연구소를 세계적인 수준으로 성장시킨 공로를 인정받아 브린모어칼리지의 정교수로 임용되었다. 바스콤은 모든 젊은 세대 여성 지질학자들의 멘토였다. 바스콤의 뒤를 이어 미국 지질조사국에 입사해 같은 길을 걸은 제자만 3명이었다.

그러나 바스콤의 인생이 평탄한 것만은 아니었다. 존스홉킨스대학교에서 박사 과정을 밟던 시절 바스콤은 여학생이 남학생들과 한 강의실에서 공부하고 있다는 사실을 들키지 않기 위해 스크린 뒤에 몰래 숨어서 강의를 들어야 했다. 학위에도 '특별허가'라는 문구가 명시되어 있었다. 1907년 당시 미국은 존스홉킨스대학교만 유일하게 여성의 입학을 공식적으로 허용할 정도로 보수적이었다. 이런 성차별적 대우에는 역설적으로 좋은 점도 있었다. 바스콤은 정식 학생으로 등록할 수 없었기 때문에 실험비만 직접 부담했을 뿐 등록금을 낼 필요가 없었다.

알프레트 베게너

대륙이동설

독일의 물리학자이자 기상학자인 알프레트 베게너Alfred Wegener, 1880~1930가 처음 '대륙이동설'을 발표했을 때는 시대를 너무 앞선 듯했다.

베게너는 원래 천문학을 전공했다. 전공은 아니었지만 베게너는 1906년부터 기후학을 연구하기 위해 그린란드 탐사여행을 다니다가 자연스레 고기후학에 관심을 갖게 되었다. 베게너는 1910년 남아메리카와 아프리카의 대서양 연안에 있는 국가들의 해안선을 관찰하다가, 이들을 퍼즐처럼 맞추면 일치한다는 사실을 발견하면서 대륙이동설이라는 아이디어를 처음 떠올렸다.

베게너는 후기 고생대인 2억 5,000만 년 전 지구에는 판게아Pangaea라는 단일 대륙, 즉 초대륙supercontinent만 있었고 이 대륙이 분리되어 현재의 상태에 이른 것이라고 주장했다. 그리고 이 분리된 대륙들이 오랜 시간에 걸쳐 서서히 이동하는 현상을 '대륙이동'이라고 했다.

한편 과거에 아메리카 대륙과 아프리카 대륙이 붙어 있었을지도 모른다고 생각한 학자들이 있었다. 하지만 이들은 초대륙의 일부가 분리되어 대서양과 인도양을 형성했다고 생각했다. 또 다른 이론에서는 두 대륙의 많은 화석, 동물, 식물들이 매우 유사하기 때문에 한때 브라질과 아프리카를 연결하는 섬이 있었을지도 모른다고 주장했다.

베게너의 대륙이동설로 지형과 생물의 유사성은 설명이 가능했다. 그러나 생성 과정에 대한 메커니즘이 명확하지 않다는 이유로 논란이 많았다. 1928년 국제지리학회에서 베게너의 대륙이동설은 공식적으로 거부되었고 1950년대까지는 버려져 있었다. 그러다 지구의 자기장 변화를 연구하는 신학문인 고자기학과 판구조론이 등장하면서 베게너의 대륙이동설이 재조명되기 시작했다.

알프레트 베게너

Alfred Wegener

(1880~1930)

알프레트 베게너는 베를린에서 태어나 베를린대학교에서 박사학위를 받았다. 학위를 받고 1905년 베게너가 처음으로 취직한 곳은 인근의 프로이센왕립천문대였다. 이곳에서 베게너는 처음으로 연과 기상 풍선을 이용해 상층 대기를 연구했다. 이듬해 베게너는 형과 함께 국제 열기구 콘테스트에 참가해 52시간 동안 연속 공중에 체류하는 세계 신기록을 세우며 우승을 차지했다.

그리고 베게너는 그린란드 탐사여행에서 다시 기구를 이용해 기상을 연구했다. 제1차 세계대전 중 베게너는 하급 장교로 복무했으나 두 번이나 부상을 당하는 바람에 장기 병가를 냈다. 이후 베게너는 마르부르크와 함부르크에서 기상학을 강의하다가 1924년 그라츠대학교에서 기상학 · 지리학 교수로 임용되었다.

1930년 50세 생일 기념으로 떠난 4차 그린란드 탐사여행 중 베게너는 식량을 찾으러 나갔다가 영영 돌아오지 않았다. 그로부터 한참 후 꽁꽁 얼어붙은 시신으로 발견되었는데 사인은 심장마비였다.

신기술과 기후 변화

위성 이미지와 무인 우주선 기록은 현대 지질학과 기상학에서 빼놓을 수 없는 연구 도구이자 미래다. 그러나 불과 몇십 년 전만 하더라도 이러한 첨단장비를 이용한다는 것은 상상조차 할 수 없는 일이었다.

이제 위성 이미지와 무인 우주선 등 첨단장비 덕분에 지질학적 특성을 종합적으로 다루고 단층선과 판구조론으로 인해 생긴 변화까지도 살펴볼 수 있으며, 지진을 더 정확하게 예측할 수 있는 시대가 되었다. 이외에도 위성 이미지는 석유와 가스 탐사시 비용을 아낄 수 있다는 점에서 매우 유용하다.

한편 기상학자들은 지구 궤도를 도는 위성을 이용해 더 넓은 영역의 기상 패턴을 관찰하고 정보를 수집할 수 있게 되었다. 이제 세계 단위의 기후 정보를 쉽게 얻을 수 있으며, 이 자료들을 종합적으로 분석하면 기후 변화의 조짐도 알 수 있다.

현재 기후학자들은 대부분 지구온난화가 전례 없는 속도로 가속화되는 추세이며, 이것은 삼림 파괴, 화석연료 연소, 비료 사용 등 인간으로 인해 초래된 현상이라고 분석하고 있다. 대기 중 이산화탄소를 비롯해 온실가스의 농도가 상승하면서 지표면의 복사열을 흡수하고 그 열로 지구를 데우는 담요 효과가 일어나고 있다. 게다가 산업혁명 이후 이산화탄소 농도는 지속적으로 상승하고 있다.

해수면 상승, 지구 온도 상승, 해수면 온도 상승, 빙하 감소, 극한 기후 등은 모두 기후가 변하고 있다는 증거라고 할 수 있다. 현재 기후학자들은 대부분 기후 변화가 이미 진행 중이라고 평가하고 있으며, 이러한 기후 변화가 상대적으로 빨리, 100년 아니면 수십 년 내에 일어날 것이라는 명백한 지질학적 증거도 가지고 있다.

찾아보기

과학자 갤러리
인류의 삶을 바꾼 과학자들과 2500년 과학의 역사

펴낸날 | 2017년 8월 23일
지은이 | 니콜라 찰턴 & 메러디스 맥아들
옮긴이 | 강영옥
펴낸곳 | 윌컴퍼니
펴낸이 | 김화수
출판등록 | 제300-2011-71호
주소 | (03174) 서울시 종로구 사직로8길 34, 1203호
전화 | 02-725-9597
팩스 | 02-725-0312
이메일 | willcompanybook@naver.com
ISBN | 979-11-85676-42-5 03400

이 도서의 국립중앙도서관 출판예정도서목록(CIP)은 서지정보유통지원시스템 홈페이지(http://seoji.nl.go.kr)와 국가자료공동목록시스템(http://www.nl.go.kr/kolisnet)에서 이용하실 수 있습니다.(CIP제어번호: CIP2017016842)